列奥纳多·
达·芬奇的 建筑
手稿

[德]萨宾娜·弗洛梅尔　[法]乔恩·吉罗姆　著
王涵　译

吉林美术出版社 | 全国百佳图书出版单位

吉林省著作权合同登记号图字：07-2021-0201 号

"First published in Italy in 2019 by Franco Cosimo Panini Editore S.p.A
Original title: Leonardo e l'Architettura © Franco Cosimo Panini Editore S.p.A
Text by Sabine Frommel and Jean Guillaume
Contribution by Sara Taglialagamba."

图书在版编目（CIP）数据

列奥纳多·达·芬奇的建筑手稿 / (德) 萨宾娜·弗
洛梅尔, (法) 乔恩·吉罗姆著；王涵译. 一 长春：吉
林美术出版社, 2022.6
ISBN 978-7-5575-7248-8

Ⅰ.①列… Ⅱ.①萨… ②乔… ③王… Ⅲ.①建筑设
计－研究 Ⅳ.①TU2

中国版本图书馆CIP数据核字(2022)第096134号

列奥纳多·达·芬奇的建筑手稿
LIE'AONADUO DA FENQI DE JIANZHU SHOUGAO

著　　者	[德]萨宾娜·弗洛梅尔　[法]乔恩·吉罗姆
译　　者	王涵
出 版 人	赵国强
责任编辑	李阳
装帧设计	禾童
开　　本	787mm×1092mm　1/16
印　　张	15
字　　数	170千字
版　　次	2022年6月第1版
印　　次	2022年6月第1次印刷

出版发行	吉林美术出版社
地　　址	长春市净月开发区福祉大路5788号
印　　刷	吉林省吉广国际广告股份有限公司

ISBN 978-7-5575-7248-8　　定价：88.00元

版权声明：
　　愿意为无法找到来源的图片付费。本书图片均来自卡洛·佩德雷蒂，列奥纳多建筑师，米兰，
埃科塔出版社，1978。
（Carlo Pedretti, Leonardo architetto, Milano, Electa, 1978.）

前言

达·芬奇留下了数百幅建筑素描图纸，其中大多数附有文字说明。这些建筑素描紧密关联又互相交错，反映了达·芬奇不同阶段的奇思妙想。

可以看出，达·芬奇的有些建筑素描图纸是与实际项目相关联的，但大多数还是属于纯粹的兴趣研究：居中布局的教堂、居所、防御工事、多层楼梯、双层别墅、临时建筑……如今，我们能够对此开展进一步的研究，得益于卡洛·佩德雷蒂（Carlo Pedretti）的研究成果，他几乎为所有的草图都精确地标注了绘制日期。[1]

我们的首次合作是在 1987 年蒙特利尔美术馆举办的"达·芬奇工程与建筑"展览中。尤其是从"居中布局教堂的重建计划"和"达·芬奇的大教堂灯笼式顶楼计划"这两个主题开始，[2] 我们就没有停止过围绕达·芬奇与建筑方面的相关探讨，包括对住宅的研究以及最近发表的对于达·芬奇最重要的建筑素描图纸的介绍。这一系列长期的交流给我们各自打开了新的研究视角，[3] 已出版的《达·芬奇建筑绘画》也为我们的研究带来了曙光。[4] 此外，艺术家之间存在着直接或间接的联系，这也能促使某些观念不断转变和碰撞，于是我们就产生了将我们的研究工作互相结合起来的想法，以便完整地研究达·芬奇与建筑这一专题。我们对达·芬奇的创意想法及其在意大利和法国建筑史上的地位非常感兴趣，这样可以更好地理解他独特、奇异的想象力，同时也展现出了他与当时其他大师的交流与分享。

开篇章节定义了"达·芬奇与其赞助人"之间的关系，然后根据时间顺序和类型学的标准进行了梳理。随后是"绘画作品中的建筑"，该研究介绍了达·芬奇职业生涯的开始，以及其在纪念性建筑物领域探索的起点。之后围绕宗教建筑"米兰大教堂的灯笼式顶楼""教堂的居中布局""丧葬纪念碑"中大量的项目工程计划，开启了达·芬奇公共建筑和私人建筑领域的篇章，有关于城市结构调整和要塞设防，有不同类型的官殿和别墅的研究。接着，我们将研究注意力聚焦在楼梯、建筑语言和临时建筑。最后，我们将达·芬奇置于他所在的时代背景下进行考察，首先以"达·芬奇及其同时代的艺术家"一章为背景，力求复原出他与其他大师互相交流的"原貌"，观念上的模仿、转变、传播过程。"达·芬奇在法国"一章，是关于达·芬奇在弗朗索瓦一世宫廷职业生涯的终结，他促进了某些建筑思想从意大利文艺复兴时期向其他国家的迁移。终篇以"达·芬奇是不是建筑师？"来提问，研究他在15—16世纪广阔的建筑领域中的独特之处。

总之，我们不断尝试着将达·芬奇的建筑思想放在这个艺术领域鼎盛的时代，探讨他与赞助人以及同时代其他艺术家之间的联系。本书的法语版诞生于达·芬奇逝世500周年之际[5]，也与当时相继开展的其他活动相互交映。借此时机，我们希望能够为开展围绕文艺复兴时期这一中心人物的跨学科对话做出贡献。

感谢拉斐尔·塔桑（Raphaël Tassin）将萨宾娜·弗洛梅尔和萨瑞·塔格丽拉格姆巴（Sara Taglialagamba）撰写的意大利语章节翻译成法语，感谢洛伦佐·比亚吉尼（Lorenzo Biagini）将乔恩·吉罗姆撰写的法语章节翻译成意大利语，也感谢克劳迪奥·卡斯特勒缇（Claudio Castelletti）对萨宾娜·弗洛梅尔文本校对以及对本书参考书目的整理，感谢萨瑞·塔格丽拉格姆巴在技术上的全力帮助。可以说，本书同样也是标志着开放和集体精神，向开放与集体精神致敬。

能够发现中国读者对意大利文艺复兴、达·芬奇以及我们的研究感兴趣，令我们欣喜不已，再次感谢中文版本的诞生。

巴黎 / 罗马

2022 年 1 月

萨宾娜·弗洛梅尔和乔恩·吉罗姆

注释

1. 卡洛·佩德雷蒂 1962 年、1978—1979 年研究成果。
2. 乔恩·吉罗姆 1978 年研究成果。
3. 萨宾娜·弗洛梅尔 2019 年发表。
4. 萨宾娜·弗洛梅尔与沃尔夫（Wolf）2016 年研究成果。
5. 我们的论著必然无法涵盖在此周年纪念期间发表的全部研究成果。

目录

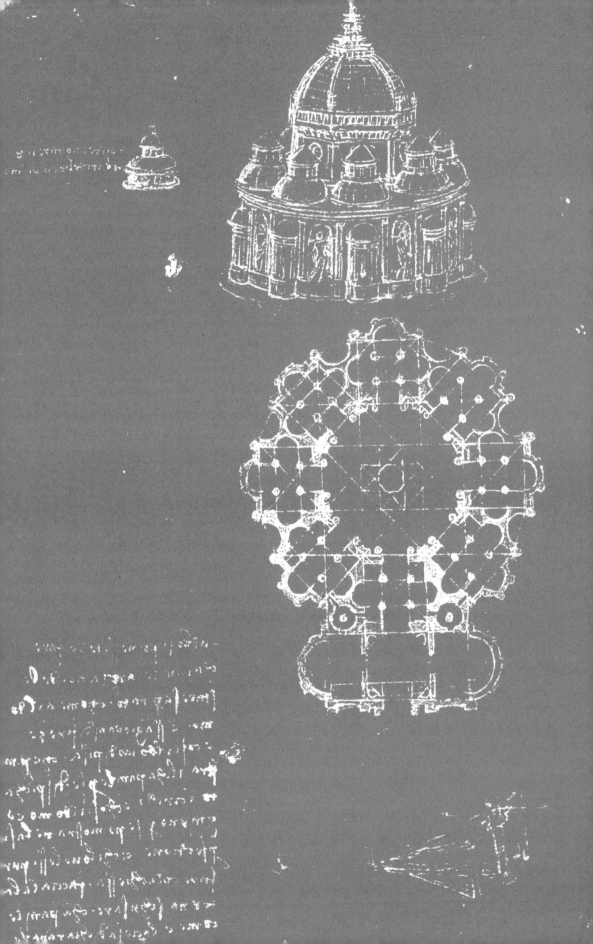

达·芬奇与其赞助人

萨宾娜·弗洛梅尔
（Sabine Frommel）

在达·芬奇与其赞助者们的持续交流中，有些对话为期长久且十分密集，对建筑的思索常常和其兴趣点相结合，如攻城战、雕塑、剧院舞台装置、临时工程等。不同领域之间的贯穿既是达·芬奇创作的基本特征，也是他想象力的不竭源泉。卢多维科·斯福尔扎、切萨雷·波吉亚、查尔斯·昂布瓦斯、皮耶罗·索代里尼、朱利亚诺·德·美第奇、弗朗索瓦一世，达·芬奇在与这些重要赞助人之间的交流过程中，将其复杂思想转化为艺术形式的创造，并且将它们一一展现出来，且变化不息。[1]

自15世纪70年代初起，达·芬奇受教于安德烈·德尔·韦罗基奥，韦罗基奥是佛罗伦萨长期活跃于"美第奇圈子"的艺术家。据瓦萨里书中描述，自1461年以来，韦罗基奥从奥尔维耶托主教项目中获得酬劳，一些受委托的工程就成了作为学徒的达·芬奇在建筑领域初试锋芒的试炼场。如圣洛伦佐教堂的耳堂交叉处、老科西莫墓样式的有形化处理或者给圣母百花大教堂的灯笼式穹顶装上球冠。达·芬奇为了实现这个球形顶饰，焊接了八块镀金且适形的铜板，并为此查阅了许多历史资料以研究反射光学的问题。此外，在瓦萨里的描述中我们还知道了达·芬奇在不需要重建的情况下，利用墩座墙来加高圣若望洗礼堂的构想。这些都是达·芬奇建筑天分的体现。[2]

无声的对话：
辉煌的洛伦佐·德·美第奇

图 1　波焦阿卡亚诺府邸

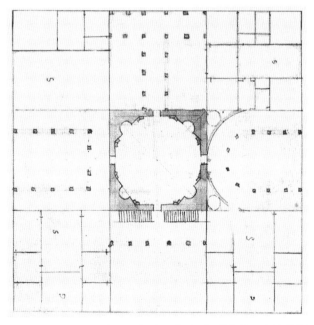

图 2　朱利亚诺·达·桑加洛，集中式别墅项目（波焦阿卡亚诺项目）

洛伦佐·德·美第奇是达·芬奇的第一个赞助人，遗憾的是，他们之间的交流少有记载。据阿诺尼莫·加迪亚诺描述，美第奇曾雇用青年时代的达·芬奇在圣马可修道院花园工作。在那里，达·芬奇对古代雕塑进行了研究[3]。从14世纪80年代初开始，这位佛罗伦萨统治者就对建筑艺术产生了浓厚的兴趣，他秉承祖父科西莫·德·美第奇的传统，雇用了那个时代最富有才华的艺术家。洛伦佐·德·美第奇和他的私人建筑师朱利亚诺·达·桑加洛一起制定、开发了一些复兴类型的建筑项目，例如位于普拉托的圣玛利亚教堂和波焦阿卡亚诺府邸[4]（图1、图2）。

实际上，普拉托的圣玛利亚教堂是第一座完全遵循莱昂·巴蒂斯塔·阿尔伯蒂《论建筑》

中和谐比例的宗教建筑，波焦阿卡亚诺府邸的集中式结构设计以及三角楣廊柱表面的装饰性处理也符合《论建筑》中的和谐比例。[5]《论建筑》的作者阿尔伯蒂是著名的人文主义者，也是美第奇的密友，甚至是美第奇青年时代的思想引领者。1485年夏天，当圣玛利亚教堂和波焦阿卡亚诺府邸这两个项目进入格外繁忙的阶段时，项目的相关事宜就交接给了阿尔伯蒂，此时，阿尔伯蒂的著作《论建筑》也正在出版之中。[6]

如何"突出清晰的几何感"，如何将宗教建筑的某些特质融入住宅设计之中，将寓所"神圣化"，是达·芬奇对集中式结构设计反复思考的两个主题。阿尔伯蒂《论建筑》出版后，其中的斜形走廊处理给了达·芬奇很大启发。[7]

透过1481—1482年达·芬奇在奥古斯丁修道院中绘制的《博士来朝》，人们已经能够感受到他的天分，画中的残垣断壁既重现了罗马克劳狄乌斯神庙的古典风范，又可以看作是当时的建筑作品[8]。画中建筑的结构直接使人想起了波焦阿卡亚诺府邸（图1），当时该项目竞标也可能恰好是在那个时期启动的[9]。

1482年，达·芬奇带着他的助手亚特兰大·密里约洛蒂（Atalante Migliorotti）前往米兰是为了向卢多维科·斯福尔扎公爵进献一件马头形制的银色里拉琴，很可能当时谋划由洛伦佐·德·美第奇亲手将达·芬奇进献的这件琴送出[10]。这是一种宏伟战略中完美的政治姿态——向政治盟友送礼，笼络最优秀的艺术家，强调文化的优越性，而非贵族血统的出身[11]。

在卢多维科·斯福尔扎王宫

达·芬奇为卢多维科·斯福尔扎公爵服务的十七年，无疑是他大有作为的时期，但是在达·芬奇职业生涯的最初阶段，卢多维科·斯福尔扎并没有立即启用他，达·芬奇为此感到痛苦。达·芬奇在给卢多维科·斯福尔扎公爵的一封信中表明，他为自己拥有的广泛技能而自豪[12]。达·芬奇重点阐述了防御工事，这对于一位每天想着捍卫自己领土并雄心勃勃意欲征服他人的公爵具有重要意义；达·芬奇还展示了关于临时建筑、防御、进攻时的形式和火枪的最新发明等[13]；最后，达·芬奇在信中还提及了精美的私人住宅和公共建筑，这是一位公爵在和平时期所必备的。卢多维科·斯福尔扎公爵之所以启用达·芬奇，得益于他对文艺复兴经典的研究，日渐稔熟地将传统变得可视化，同时还考虑到体现自己的权力与威严。

达·芬奇在 1487—1490 年完成的手稿 B，体现了他广泛的研究兴趣。大约从 1480 年开始，伯拉孟特成为达·芬奇的对话者之一，伯拉孟特活跃于卢多维科·斯福尔扎王室，两位大师之间有着非常丰富的对话。在达·芬奇目睹了发生在米兰的鼠疫之后，他构思了托斯卡纳区城市规划——既要引起富豪艺术赞助人们的注意，也要使公爵的声誉和权力长存（图 3、图 4）。

此外，达·芬奇还曾想到了在郊区建立新区，就像许多卫星城那样。手稿 B 中有很大一部分是关于军事建筑研究的，这些素描绘画图纸详细分析了堡垒要塞的细节，主要是锐角堡垒，从图中看，达·芬奇还没有考虑到当时的技术进步。

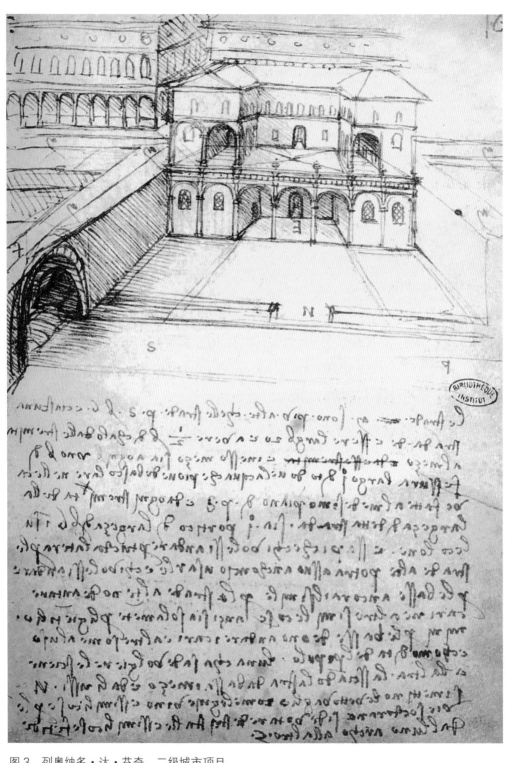

图3 列奥纳多·达·芬奇，二级城市项目

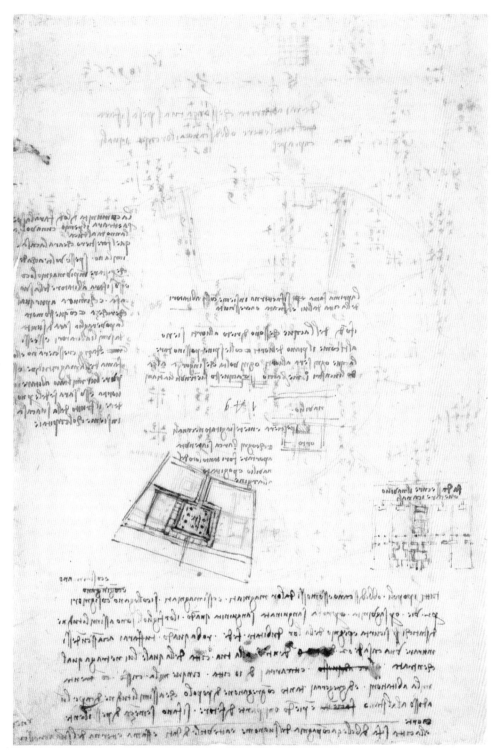

图 4 列奥纳多·达·芬奇，米兰的城市扩张和重建项目

卢多维科·斯福尔扎雄心勃勃地想以一种心怀宏伟政治抱负的统治者形象示人，尤其是他准备建造的一座高达130米的塔楼，可能是为斯福尔扎城堡准备的[14]（图5）。但是，这些建筑最后都没有实现。

卢多维科·斯福尔扎想为自己修建陵墓以及帕维亚新的大教堂项目，找来伯拉孟特设计圣沙弟乐圣母堂和圣玛利亚感恩教堂，目的是显示伦巴第地区这一时期圣殿建筑的显著进步。我们也对米兰大教堂进行了专门研究，这是一个棘手的工程，因为教堂耳堂的支柱过于薄弱，不能支撑传统要素中无法绕开的灯笼式顶部的重量。在这种情况下，基于对结构的详细研究，达·芬奇表现得像医生诊断般对症下药[15]（图6）。

作为达·芬奇最严密细致的研究项目，除了外部草图外，还包含一个木制模型图。然而，评审团的成员最终委托了多尔切博诺（Gian Giacomo Dolcebuono）来修建这个项目。多尔切博诺是一位本土建筑师，他的方案综合了弗朗切斯科·迪·乔尔吉奥、伯拉孟特以及达·芬奇的建议。达·芬奇高度关注着教堂建筑的集中式结构体系，使几何

图5 列奥纳多·达·芬奇，堡垒

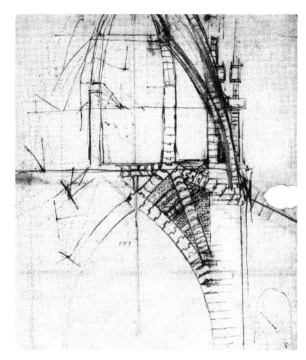

图 6　列奥纳多·达·芬奇，柱子、交叉甬道、上方、双帽状拱顶的投影剖面图

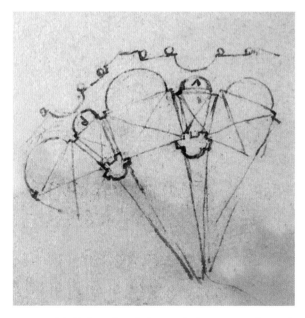

图 7　列奥纳多·达·芬奇，两个半圆形后殿在 12 个半圆形后殿辐射群中

轮廓和空间造型都更具特色，这也预示着达·芬奇之后的研究方向——针对 1504 年伯拉孟特圣伯多禄大殿重建项目的研究（图 7—图 18）。[16]

达·芬奇为卢多维科·斯福尔扎所做的建筑设计工作还包括木制结构、园林和公园中的亭子建造和重建、临时建筑等，以及应用于旅行、节庆场合、马厩等易于拆装的各种独立场所的进出口。[17]达·芬奇在组织欢宴和舞台演出中颇有声名，匠心独具，受到其他公爵和大使的赞赏。在斯福尔扎城堡木板厅中，仍然保留着富有视觉欺骗性的巨大藤蔓，它模拟建筑结构并散发出蓬勃的生命力，使人联想到斯福尔扎家族的昌盛。

圣玛利亚感恩教堂的《最后的晚餐》（1495—1498 年），确立了达·芬奇在米兰宫廷中的盛名。此后，卢多维科·斯福尔扎公爵在教堂附近赐给了他一块土地，达·芬奇在工匠们的帮助下，为米兰权贵们在附近设计了一个优雅的住宅区。

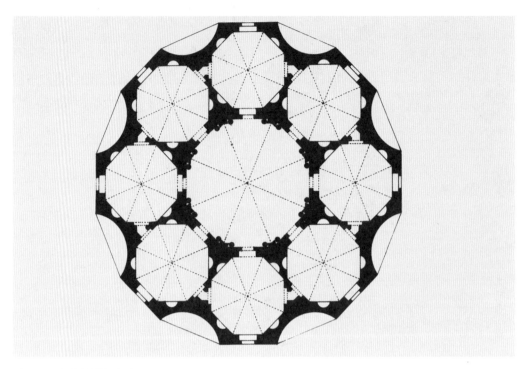

图 8　8 个小教堂辐射布局图

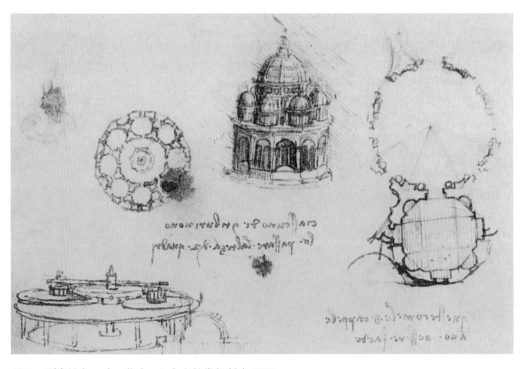

图 9　列奥纳多·达·芬奇，8 个小教堂辐射布局图

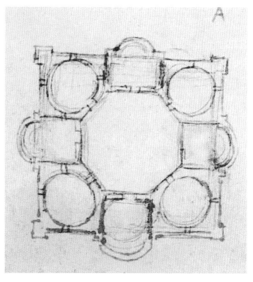

图 12　列奥纳多·达·芬奇，包含 4 个长形小教堂的辐射布局图

图 13　列奥纳多·达·芬奇，包含 4 个长形小教堂的辐射布局图

图 14　列奥纳多·达·芬奇，朝向中心的 4 个补充空间的辐射布局图

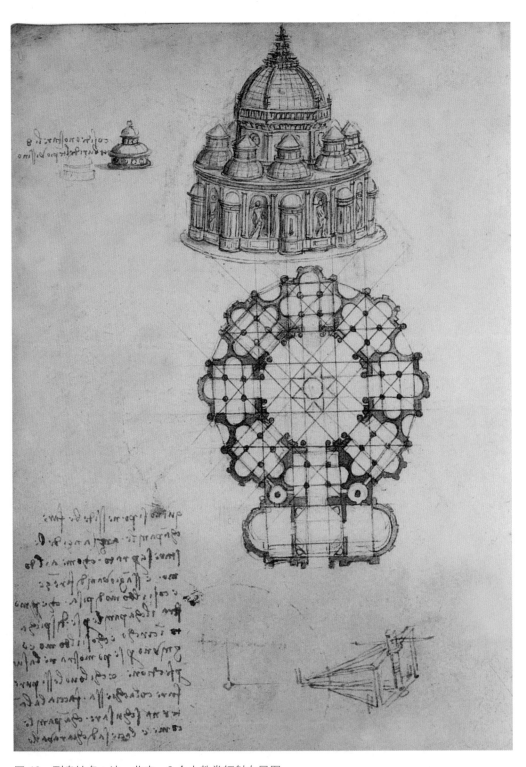

图 10 列奥纳多·达·芬奇，8 个小教堂辐射布局图

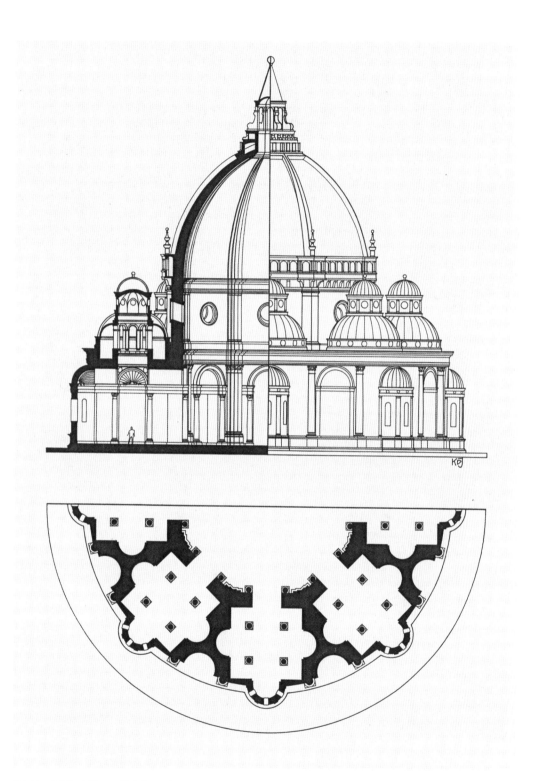

图 11　圆顶（图 10 的立视图和平面图）

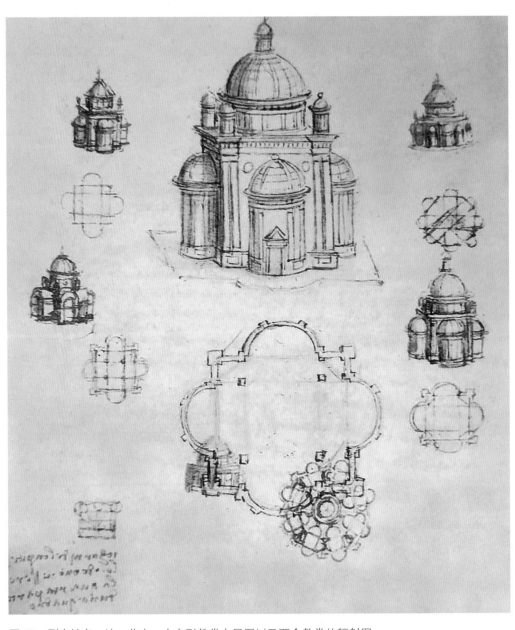

图 15 列奥纳多·达·芬奇，十字形教堂布局图以及两个教堂的辐射图

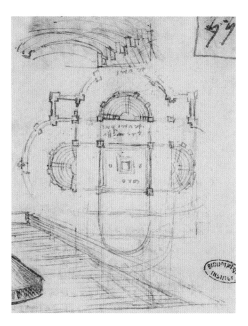

图 16　列奥纳多·达·芬奇，带有台阶、半圆形后殿的十字形教堂布局图

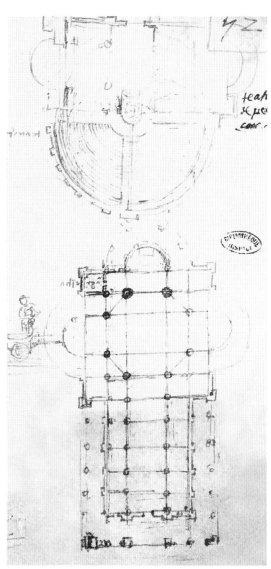

图 17　列奥纳多·达·芬奇，教堂、八角形中心空间以及"传道布景"

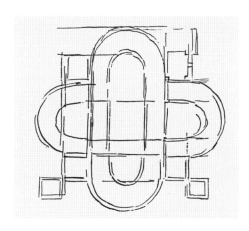

图 18　列奥纳多·达·芬奇，十字形平面图

切萨雷·波吉亚的 "亲切的个人建筑师和总工程师"[18]

1499 年，米兰被法国军队攻占，达·芬奇被迫离开米兰，前往威尼斯，同行的还有数学家、修道士卢卡·帕西奥里。[19] 为了保护海湾免受土耳其军队从东北方向的袭击，威尼斯共和国参议院下令对该海湾执行伊松佐河岸巩固布防的计划。建筑师设计了一个可快速操纵的堤岸拦截和开闸系统，这本来应该是一个极为高效的设计，但却从未被使用过。通过实地考察，达·芬奇熟悉了威托尼式府邸的类型，并打算在未来项目中体现其中的某些特色。[20]

1501 年（按佛罗伦萨习惯写法是 1500 年）3 月 20 日，达·芬奇在纸上注解道："在罗马，在蒂沃利韦基奥，阿德里亚诺的房中。"这些留下的信息表明他曾经参观过罗马和罗马皇帝府邸遗址。从 1502 年开始，皮耶罗·索代里尼（Pier Soderini）担任托斯卡纳城的"正义旗手"，在他的支持下，达·芬奇去了佛罗伦萨。显然，他作为建筑师的显赫声誉足以使得人们向他征询诸多建议，例如合并主教救主堂，圣米尼亚托钟楼的建造，甚至弗朗切斯科·冈萨加侯爵的委托订单，侯爵曾想在曼托瓦附近仿建一座托瓦利亚（Villa Tovaglia）式样的府邸[21]。

1502 年，教皇亚历山大六世的儿子切萨雷·波吉亚任命达·芬奇为"建筑师兼总工程师"，其主要任务是监督整个军事建筑系统的建造，波吉亚十分赏识达·芬奇在军事建筑设计上的能力、战略视角下的土地规划意识和疏渠引水的设计。（尽管有一些最新的研究表明，达·芬奇对火炮领域的认知其实并没有达到当时最为先进的程度。）[22]

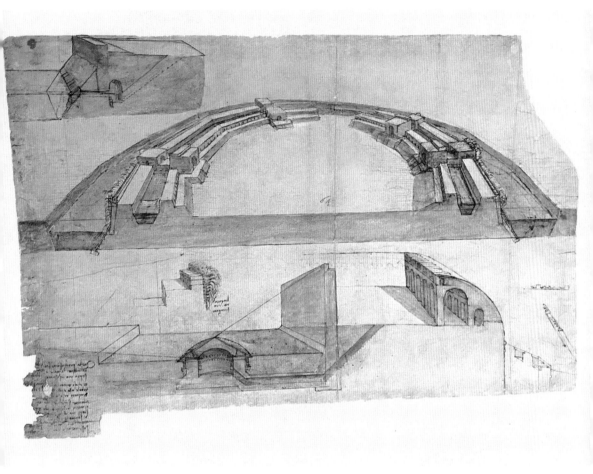

图 19 列奥纳多·达·芬奇，多边形堡垒项目

　　在这短暂的时期内，达·芬奇主要在波吉亚的军队中担任顾问。
事实上，他负责的是检查堡垒要塞、河道、喷泉、湿地排水以及地形
图上的部署，尤其是精准地计算出城市与要塞之间的距离。[23] 这些工
作促使达·芬奇加深了对武器的研究——从各种不同口径的枪支火器
到投石机、飞行器等等。[24] 这些重要的举证，加上那幅令人印象深刻
的环绕式双渠围墙的素描（图 19），都印证了达·芬奇将技术要求
与乌托邦式幻梦融为一体的做法[25]。

017

1502 年 6 月 23 日，在第三次出征时，波吉亚撵走了乌尔比诺公爵蒙特费尔特罗，达·芬奇也随军到战场，尼克洛·马基雅维利赞赏了达·芬奇的工作，他当时负责向佛罗伦萨政府汇报工作。[26] 佛罗伦萨统治者发起了在比萨上游一带改变阿诺河流向的项目，目的是切断敌方城市的水供应。[27] 从 1503 年 8 月开始，虽然有巨额资金和 2000 名工人的支持，但该工程很快就中断了，因为人工挖掘的河床无法将河水引入，河水无法像预期那样改道。

尼克洛·马基雅维利还有意推进佛罗伦萨和第勒尼安海的水路通航连接，这将有助于繁荣农业以及巩固佛罗伦萨的独立性。[28] 在来往中，尼克洛·马基雅维利鼓励达·芬奇向巴耶济德二世寄去一张金号角大桥的草图，最终这封信杳无回音。[29] 从项目实施的角度来分析，达·芬奇最终是被波吉亚驱赶出来的。

我们不知道达·芬奇如何看待切萨雷·波吉亚的残暴态度，这与他的价值观难以相融，在他的好几页手稿中，都写了"反叛（Tradimento）"一词。我们不知道达·芬奇是何时、何故与这一暴君决裂的，在 1503 年 8 月达·芬奇父亲去世后，他逃离了这里[30]。1504 年，他开始在皮翁比诺的堡垒为科西莫四世工作——通过加固城楼、沟渠以及平整路面来提高堡垒的防御力（图 20、图 21）。

图 20　列奥纳多·达·芬奇，皮翁比诺堡垒项目

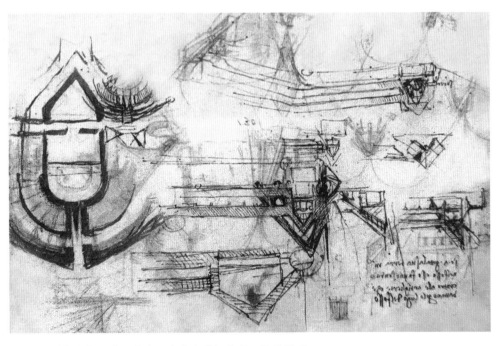

图 21　列奥纳多·达·芬奇，皮翁比诺堡垒项目的棱堡项目

法国国王在米兰的代表：
查尔斯·昂布瓦斯和
吉安·贾科莫·特里武尔齐奥

根据 1505 年 4 月的海关记录，我们知道达·芬奇辗转至罗马，但停留的时间很可能非常短暂。他此行的具体原因我们无从获悉，[31] 也许是为了一个工作项目，与圣伯多禄大殿的重建有关，因为达·芬奇针对圣伯多禄大殿的重建有过激烈的讨论。[32] 圣伯多禄大殿中的坦比哀多礼拜堂、卡普里尼宫、梵蒂冈宫的观景中庭，都出自同一位建筑师——伯拉孟特之手。无论如何，他对建筑的认知，甚至包括米开朗琪罗为尤利乌斯二世的陵墓所做的设计，都对达·芬奇的建筑语言有所影响。

1506 年，查尔斯·昂布瓦斯代表法国国王与佛罗伦萨共和国经过微妙又艰难的谈判之后，成功地将达·芬奇带回了伦巴第首都，因为达·芬奇当时正在佛罗伦萨旧宫创作安吉亚里战役的壁画。[33] 在朱利亚诺·达·桑加洛看来，达·芬奇不会喜欢皮耶罗·索代里尼的粗俗语气和新原则，而且他也没有习惯斯福尔扎王宫里时尚的生活方式。[34] 因此，达·芬奇再次定居米兰，直到 1513 年法国人离开米兰。

达·芬奇在临时建筑领域有丰富的经验，也许他也参加了 1507 年路易十二世的凯旋门入口的组织工作，在大教堂和科尔特维奇亚城（Corte Vecchia）之间的路线上，安排一辆由蔬菜荚果制成的凯旋门状的奢华花车。作为主办方，作为人文主义赞助的模范，作为科尔特维奇亚中心的昂布瓦斯地区，希望在城外建造一个名为"命运兴奋剂"的区域，用于欢宴和演出。这些项目（图 22）反映了赞助者和建筑师想法逐渐融汇的过程[35]。

达·芬奇还创作了布景装饰，尤其是为奥菲欧歌剧创作的场景（阿伦德尔手稿，F.231 Et 224r），是受到了皮里那（Pline）的启发。[36] 当时，防御工事项目重新受到重视，达·芬奇又重启了斯福尔扎时代的项目，并说服了昂布瓦斯治理河流以促进城市的繁荣。他致力于水利难题的研究，并提出了改进闸坝系统的建议。如果达·芬奇的整个项目都被实施，人们就可以通过运河网络穿梭于米兰。最后，他提出在米兰和阿达河流域中间建造一条宽阔的运河、一条穿山通道和一个巨大水坝来创造有利的商贸条件，同时也系统地解决了供水和排水问题。

1507—1508年，法国元帅吉安·贾科莫·特里武尔齐奥委托达·芬奇为他制作一件真人大小的骑马雕像，仿照达·芬奇给卢多维科·斯福尔扎制作的那种样式。达·芬奇当时制作的模型放在了靠近旧宫的地方。[37] 如果是雕塑成品，本应该矗立在圣纳扎罗教堂附近[38]（图23、图24），但这件雕塑作品只有模型，最终也没有被制作为成品，原因是法国人后来被驱逐出境，教堂大理石的账单一直都没有结清，所以这件雕塑成品没有被实现出来。达·芬奇在构思这件雕塑时，绘制了很多受罗马艺术元素影响的素描草图，尤其是受到伯拉孟特和米开朗琪罗的影响。

在随后而至的动荡时期，达·芬奇回到了阿达河畔瓦普里奥避居，住在弗朗西斯科·梅尔齐的别墅中（弗朗西斯科·梅尔齐在后来成为达·芬奇的学生）。[39]

这一时期，达·芬奇受到山顶地势以及山顶上建筑的启发，设计了一个扩建项目，其特点是通过运用布景路线来实现建筑物与景观之间的亲密联系（图25—图28）。根据莱昂·巴蒂斯塔·阿尔伯蒂的建议，蜿蜒的楼梯引导人们进入屋中，仿佛跟随着丰富而渐进的节奏在行走。

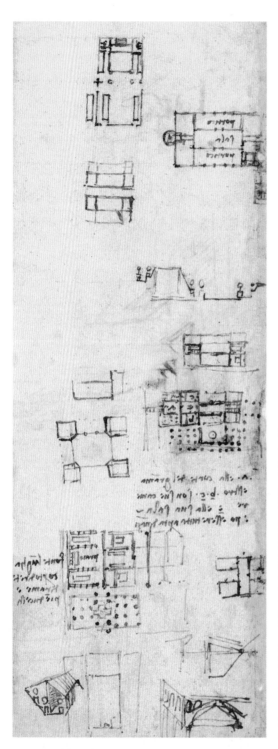

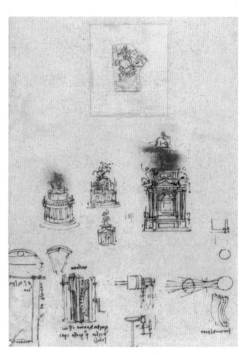

图23 列奥纳多·达·芬奇，吉安·贾科莫·特里武尔齐奥丧葬纪念碑研究

图22 列奥纳多·达·芬奇，查尔斯·昂布瓦斯项目

图24 列奥纳多·达·芬奇，吉安·贾科莫·特里武尔齐奥丧葬纪念碑研究

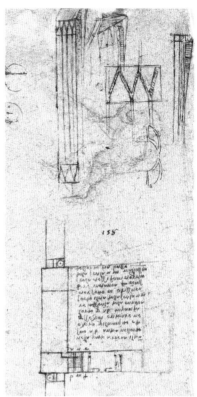

图 25　列奥纳多·达·芬奇，梅尔齐别墅重建项目，外观以及建筑前方

图 26　列奥纳多·达·芬奇，梅尔齐别墅重建项目，室内布置研究和通往房间的坡道

图 28　列奥纳多·达·芬奇，梅尔齐别墅重建项目，别墅提升至山顶

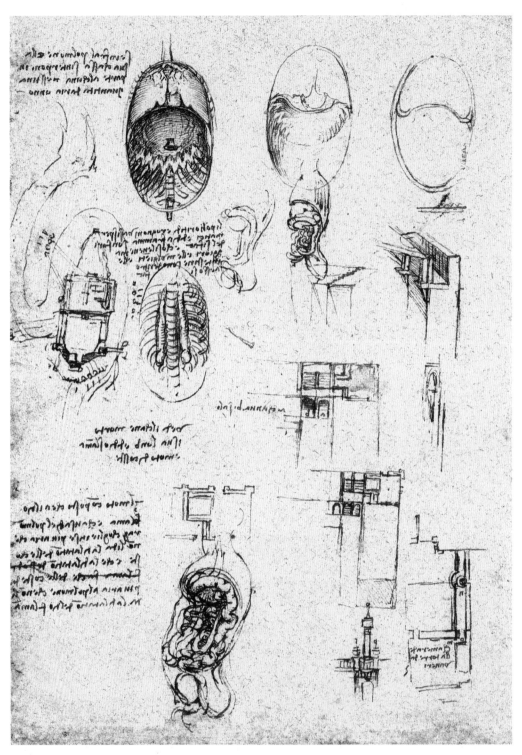

图 27　列奥纳多·达·芬奇，梅尔齐别墅重建项目，室内布置研究

在利奥十世的宫廷

美第奇家族返回佛罗伦萨后，1513年，洛伦佐·德·美第奇的儿子乔凡尼·迪·洛伦佐·德·美第奇继任教皇，对于已经年过60岁的达·芬奇来说，似乎迎来了新的希望。同年10月，教皇的弟弟、家族代表朱利奥·迪·朱利亚诺·德·美第奇和达·芬奇一起前往罗马，他们出发前先在托斯卡纳见了面，也许就在这期间，达·芬奇开始了佛罗伦萨市中心的改建工作。美第奇家族重返佛罗伦萨后，市中心的改建工作迫在眉睫。图29中记载了达·芬奇对美第奇王朝墓地圣洛伦佐前院进行扩建的提议，1494年，美第奇家族被驱逐，在驱逐所引起的骚乱过后，米开罗佐在老科西莫的对面修建了第二座宫殿。

在罗马，伯拉孟特和朱利亚诺·雷诺（Giuliano Leno）在贝维德雷（Belvédere）别墅中为达·芬奇安排了住宿和一个工作室，朱利亚诺·雷诺是拉斐尔的合作者[40]。拉斐尔在《雅典学院》壁画中以达·芬奇为原型去表现柏拉图的形象，画中人物在教堂穹顶之下，使人联想起圣伯多禄大教堂，这表明了当时的人们对达·芬奇作为古希腊文化和智慧化身的认可。[41]然而，利奥十世却几乎从未问津达·芬奇的建筑项目，这和他对拉斐尔的欣赏有关，拉斐尔总能那么自然而然地表达出利奥十世的品位和喜好，[42]显然达·芬奇是做不到这一点的。1514年4月伯拉孟特去世后，利奥十世没有将建造大教堂的重任托付给达·芬奇，而是又托付给了拉斐尔。后来，在没有任何正式任命的情况下，达·芬奇根据自己的兴趣开始研究奇维塔韦基亚港口扩建和彭甸沼地加强排水的项目，奇维塔韦基亚港口项目实际上一直是由伯拉孟特负责的，直至去世。[43]

这段处于拉斐尔和米开朗琪罗"主角光环"下的时光，达·芬奇过得并不如意。利奥十世当选后，达·芬奇的意大利同胞朱利亚诺·达·桑加洛也处于相似的处境。两年以后达·芬奇重返佛罗伦萨，住在贝尔韦代尔（Belvédère）别墅中一直到 1516 年秋天，致力于科学探索。

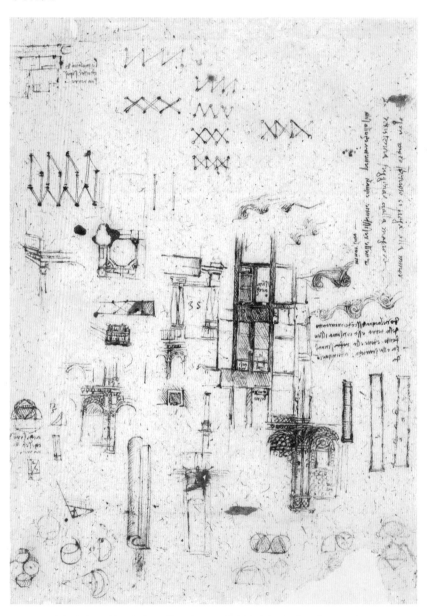

图 29　列奥纳多·达·芬奇，佛罗伦萨圣洛伦佐大教堂前的广场重建项目

在弗朗索瓦一世的宫廷

1516年3月17日，朱利亚诺·迪·洛伦佐·德·美第奇逝世，达·芬奇失去了他的最后一位意大利赞助人，以至于他无法在罗马获得新的项目。1516年3月14日，弗朗索瓦一世和他的母亲路易丝·德·萨瓦（Louise De Savoie）在里昂向达·芬奇发出了为法国宫廷工作的邀请。[44] 尽管达·芬奇在米兰时就与法国宫廷联系紧密，但这次他犹豫了，直到同年秋天，达·芬奇才动身前往法国，同行的还有他的学生弗朗西斯科·梅尔齐、萨来（Salaì）以及他的仆人巴蒂斯塔·德勒·威兰斯（Batista Del Vilanis），一起带来的还有达·芬奇最著名的画作。

弗朗索瓦一世诚挚地欢迎他，并授予了他第一画家、国王工程师、建筑师等头衔，每年可以领取1000埃居的工资，居住在克洛·吕斯城堡。正如本韦努托·切利尼所述，这位年轻的国王想参照意大利的模式在法国推广艺术，他赐予达·芬奇诸多特权，而达·芬奇也在与国王面对面的交流中受益匪浅。虽然生活条件与斯福尔扎宫廷或教皇宫廷大有不同，但总算还有能说意大利语的人。自查理八世统治以来，像艺术家吉多·马佐尼、多梅尼科·达·科尔托纳（Domenico Da Cortona）、乔瓦尼·焦孔多（Fra Giovanni Giocondo）都曾于法国定居，弗朗索瓦一世给了达·芬奇最佳的条件去完全自由地创作，他十分享受这种真正意义上的宫廷艺术家生活。

弗朗索瓦一世任命达·芬奇负责罗莫朗坦城新的建造项目，希望通过这个项目打动欧洲最重要的赞助人（图30—图33）。

图 30　列奥纳多·达·芬奇，罗莫朗坦城堡以及新城项目

图 31　列奥纳多·达·芬奇，罗莫朗坦城堡（第一个项目草图）

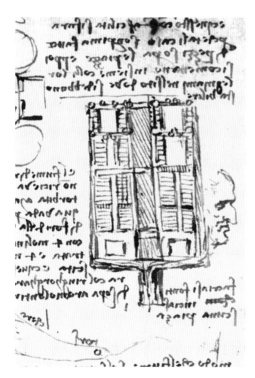

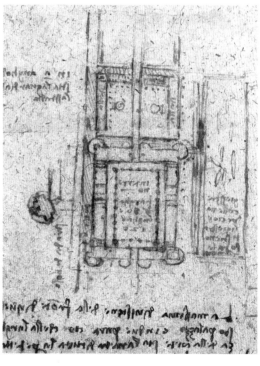

图 32　列奥纳多·达·芬奇，城堡以及罗莫
朗坦新区域，双侧水渠

图 33　列奥纳多·达·芬奇，罗莫朗坦城堡图

就像在斯福尔扎时期一样，达·芬奇骑着马探索着这片土地，以便更好地了解其资源并充分利用。他打算整治索尔德河床并建造人工水道系统；把卢瓦尔河谷的城堡用运河相连，这样有利于农业活动，促进航行和运输。

在王室居所的设计项目中，他想让建筑和水景融为一体，这样便可以在河岸露天看台上饱览风光。[45] 一切都计划得很好，但不知最后是什么原因，弗朗索瓦一世放弃了此设计，而是决定在香波尔建造一座城堡，该城堡称得上 16 世纪欧洲最独特、最有辨识性的建筑之一。香波尔城堡项目最初阶段的设计是从主权者和建筑师之间的对话中无意衍生出来的，他们在交流中甚至还突发奇想过将楼梯置于建筑中心[46]（图 34、图 35）。

在法国生活期间，达·芬奇在对宴会的组织和装饰设计的同时，也激发了对临时建筑的想象力，这一点在设计马里尼亚诺战役纪念碑中得到了证实。因为在马里尼亚诺战役中，法军成功地攻克了城堡，所以达·芬奇设计的场景是围绕城堡模型展开的，城堡模型全部由砖瓦覆盖在固定的木制结构上。就像在米兰一样，达·芬奇的发明创造不仅突显着宫廷的优越地位，还会令观众眼前一亮。

达·芬奇在为最后一位赞助人工作期间，结合了他在意大利的经历，当然主要是在米兰的经历，展示了自己在诸多领域里广博丰富的知识，从理想城市的建造项目，到临时建筑的艺术形式。达·芬奇的发明创造在法国文化背景下生根发芽，他为意大利观念在法国的传播做出了卓越的贡献，亦使法国艺术获益匪浅。

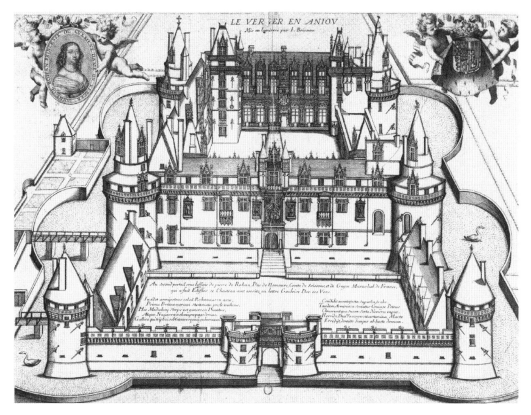

图 34　布瓦索，费杰城堡，17 世纪雕刻

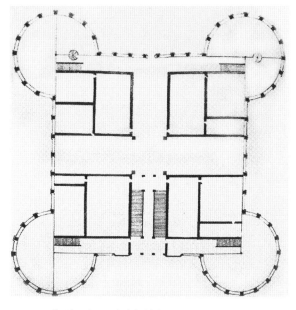

图 35　费利比安，香波尔城堡的第一项目图

注释

1. 更为详细的介绍，包括达·芬奇所承接的各种创作委托及逸闻趣事，参见：维切（Vecce）1998 和维切（Vecce）2001。

2. 瓦萨里（Vasari）1966—1987，第四卷（1976），第 18 页。

3. 维切（Vecce）2001，第 63 页。我们似乎可以从 1508 年的图纸上找到线索。

4. 弗洛梅尔（Frommel）S.2014，第 59 页至 80 页〔德语版弗洛梅尔（Frommel）S.2019a，第 69 页至 91 页〕。

5. 弗洛梅尔（Frommel）S.2014，第 78 页至 79 页〔德语版弗洛梅尔（Frommel）S.2019a，第 89 页至 90 页〕。

6. 在洛伦佐·德·美第奇的支持下，安杰·波利奇亚诺（Ange Politien）于同年为该著作撰写了序言。

7. 维切（Vecce）2001，第 33 至 38 页；维切（Vecce）2019，第 85 页。

8. 在圣米尼亚托等许多教堂建筑中都有出现平行坡道，详见本书《绘画中的建筑》一章。

9. 根据瓦萨里的说法，许多艺术家都呈交了他们的绘画作品。参见瓦萨里（Vasari）1966—1987，第四卷（1976），第 134 页。

10. 维切（Vecce）2001，第 71 页至 75 页。

11. 达·芬奇被派往米兰也不能排除是一种补偿，因为他并没有像其他佛罗伦萨画家一样是受到教皇的邀请而前往米兰对西斯廷教堂进行装饰设计。

12. 《大西洋古抄本（Cod.Atl.）》1082r [392r-A]〔维切（Vecce）2001，第 76 页至 77 页〕，抄写员有着人文主义教育背景。

13. 事实上它已非当时最先进的。

14. 马拉尼（Marani）1984，第 130 页至 131 页；马拉尼（Marani）2008，第 50 页至 51 页。

15. 达·芬奇致工匠们的信中表达了他作为"建筑医生"的态度，参见本书中的《米兰大教堂的灯笼式顶楼》一章。

16. 海登赖希（Heydenreich）1934，参见本书中《达·芬奇及其同时代艺术家》一章。

17. Ms. B 手稿，法兰西学院，F.12r〔佩德雷蒂（Pedretti）1978，第 55 页、64 页；弗洛梅尔（Frommel）S.2019c，第 156 页至 157 页〕；《大西洋古抄本（Cod.Atl.）》，283r-B[769r]〔佩德雷蒂（Pedretti）1978，第 69 页、71 页；弗洛梅尔（Frommel）S.2019c，第 158 页至第 159 页〕。

18. 通过 1502 年 8 月 18 日波吉亚控制的堡垒要塞的通行证〔维切（Vecce）2001，第 186 页〕可以推断出达·芬奇具有这一资格。

19. 维切（Vecce）2001，第 163 页至第 164 页。

20. 请参阅大西洋古抄本封面上的图纸〔本书中《住宅：宫殿与别墅》一章〕。有关这一建筑结构类型的成功之处，参见弗洛梅尔（Frommel）S.2007a，第 289 页至 326 页。

21. 维切（Vecce）2001，第 169 页至 170 页。

22. 见注释 11，在跟随路易十二的第二次意大利战争后，法国国王赠与波吉亚一支军队，波吉亚还获得了瓦伦蒂诺瓦公爵的头衔，这次军事活动的目的在于将各种封地和公爵置于罗马教皇的领导之下，并建立支付贡品的制度。

23. 波吉亚计划将伊莫拉镇（温莎城堡，Rl 12284）作为其政府的行政中心并对城堡进行重建。这一重建计划也是反映这一时期的制图法的重要依据。〔弗洛梅尔（Frommel）S.2019c，第 56 页至 57 页以及参考书目〕。

24. 达·芬奇用暗示性的艺术手段描述了其中的一些装置，例如绘有一门加农炮及其炮弹摧毁堡垒〔《大西洋古抄本（Cod.Atl.）》，F.9v-A [F.33r]〕。

25. 参见本书中《防御工事建筑》一章。

26. 参见注释 11。

27. 这位来自佛罗伦萨的年轻人在他的手稿中并没有找到任何提及马基雅维利的线索。〔布歇龙（Boucheron）2008〕。

28. 维切（Vecce）2001，第 186 页至 187 页。

29. 法兰西学院，Ms.L，F.66r-V〔弗洛梅尔（Frommel）S.2019c，第 198 页至 199 页，以及参考书目〕。

30. 塞萨尔（Cesar）死于同年 12 月发生在西班牙的一场混战之中。

31. 参见维切（Vecce）2001，第 208 页，佩德雷蒂（Pedretti）1972，第 26、295 页，编号 16。

32. 当时掌权的教皇对建筑活动充满全新愿景，并获得了安德里亚·桑索维诺（Andrea Sansovino）、吉安·克里斯托福罗·罗马诺（Gian Cristoforo Romano）和巴尔达萨雷·佩鲁齐（Baldassare Peruzzi）等建筑设计领域艺术家的支持。

33. 维切（Vecce）2001，第 232 页至 236 页。

34. 弗洛梅尔（Frommel）S.2014，第 20 页〔德语版弗洛梅尔（Frommel）S.2019a，第 22 页〕。

35. 吉罗姆（Guillaume）1987，第 269 页至 272 页；弗洛梅尔（Frommel）S.2006，第 265 页至 276 页；弗洛梅尔（Frommel）S.2009，第 117 页至 125 页；弗洛梅尔（Frommel）S.2019c，第 148 页至 151 页。

36. 参见本书《达·芬奇的剧院设计及节庆临时建筑》一章。

37. 佩德雷蒂（Pedretti）1995，第 94 页至 106 页。

38. 维加诺（Vigano）2016，第 239 页至 243 页。在 1508 年至 1511 年，达·芬奇为这座纪念碑绘制了大量图纸，从宏伟的雕像设计到建筑施工计划的各个细节，在《大西洋古抄本》中可以找到确切的施工说明。在施工期间，达·芬奇的主要职责为军事工程师，这也解释了为什么该项目的最后一个版本被延迟交付给教堂建筑师马尔蒂诺·德尔·阿夸（Martino Dell Acqua）的原因：1512 年，这项工程才逐渐开始动工，期间由于联盟政府决定将法国人赶出伦巴第，建筑工程因此而被打断。

39. 维切（Vecce）2001，第 259 页至 262 页。

40. 1513 年 12 月 1 日，有一份在梵蒂冈的工作清单（维切 2001，第 266 页至 267 页）。

41. 关于《雅典学院》可参见弗洛梅尔（Frommel）C.L.2017，第 20 页至 26 页。

42. 关于圣皮埃尔（Saint-Pierre）工地，伯拉孟特（Bramante）、乔瓦尼·焦孔多（Fra Giocondo）和朱利亚诺·达·桑加洛（Giuliano Da Sagallo）进行了大量草图设计，设计内容甚至涵盖了用于覆盖墙壁的稀有材料。

43. 来自皇家图书馆（温莎城堡）编号为 12684 的文件为我们展示了最后一次工程的清晰设想。

44. 萨默（Sammer）2009，第 29 页至 33 页。

45. 参见本书《达·芬奇在法国》一章。

46. 近期，我们的研究将致力于把一座装饰有防御性马刺的塔楼建造〔费萨布雷（Fissabre），威尔逊（Wilson）2018，第 65 页至 82 页〕，至少将其设计构思归于达·芬奇名下，它位于蒙特霍龙（Monthoiron），距离沙特勒罗（Chatellerault）不远，距昂布瓦斯（Amboise）90 公里。建筑的星形十边形结构使其具有一种暗示效果，并使人联想到受弗朗切斯科·迪·乔尔吉奥（Francesco Di Giorgio）绘画〔Ms. 马德里（Madrid）8936，F°37r〕启发的为皮翁比诺（Piombino）而设计的塔楼项目。同样，我们发现它与位于那不勒斯（Naples）的新堡城堡塔楼有众多相似之处。

绘画作品中的建筑

萨宾娜·弗洛梅尔
（Sabine Frommel）

自 1540 年，绘画中的建筑表现得到了迅猛发展，并且反过来对建筑艺术的发展起到了至关重要的作用，从现存的纪念性建筑物中可见一斑。[1] 建筑领域中的某些创新，特别是基于经典范例和维特鲁威建筑理论的研究，纷纷脱离纸、画布、木板，转化为大理石、洞石或砖制的实体建筑，[2] 也有一些被表现在绘画中，教堂和宫殿的工程成为绘画中特定的主题。透视的出现，在建筑物所在的空间、建筑物之间、建筑物与绘画之间，建立了新的几何关系。某些象征性的意味是很难在现实的作品中表达出来，在描绘建筑的绘画作品中反而更容易被感知和理解。达·芬奇意识到这种叙事语汇在形式表达上的可能性，便像其他活跃在佛罗伦萨的艺术家们一样使用了这些表现形式，如波提切利、基尔兰达约、佩鲁吉诺……[3] 在绘画中，达·芬奇似乎还对表现人物形象及其思想状态颇为着迷，但是，他在米兰第一次旅居之后，这种兴趣似乎大大减弱了。

从《天使报喜》到《最后的晚餐》

在乌菲齐美术馆中珍藏的《天使报喜》是达·芬奇自 1470 年开始创作的作品。画中，圣母玛利亚坐在桌前，身后是一栋看起来像别墅的建筑，该建筑深色墙壁，浅色大门，上面饰有凸纹装饰，画中的建筑只是局部，超出画幅的部分没有被完全画出来。根据近期的技术分析，在《天使报喜》创作的最后阶段，达·芬奇在协调人物和建筑细节方面遇到了困难，这导致建筑外观的艺术表达不是很理想。[4] 油画左侧区域绘有一面矮墙，矮墙外面可以看见花园及远处的山峦景观，花园中还种植有大量树木。和米开罗佐不同，我们常常在米开罗佐那些知名的画作中观察到军事建筑的特征，然而，达·芬奇的《天使报喜》作品中并没有体现这些，画中建筑整体美学特征让人联想到的是菲耶索莱的美第奇别墅，于 15 世纪 50 年代初期由安东尼奥·曼内蒂·恰亚切里（Antonio Manetti Ciaccheri）建造。达·芬奇当时大概受到了莱昂·巴蒂斯塔·阿尔伯蒂的影响。[5] 外景和花园呈坡势分布，这是露台系统的一种。

在达·芬奇的绘画作品中，建筑的意义尽管有待考证，但这些至少表明了达·芬奇对建筑的兴趣。收藏于梵蒂冈美术馆的油画作品《圣杰罗姆》（图 36）中，画中右边框附近绘制了教堂，该教堂让人联想起佛罗伦萨的圣母玛利亚教堂，其外观设计参照了莱昂·巴蒂斯塔·阿尔伯蒂提到的 15 世纪下半叶宗教建筑的重要原型，相比一些僻静冷清的天主教堂，它似乎已有些落后于时代，但这也体现了达·芬奇对 15 世纪建筑在图像中的复兴。[6]《圣杰罗姆》中的教堂可以与 1512—1515 年的项目计划相互对照研究（收藏于威尼斯学院美术馆，编号：N.238），这是达·芬奇所绘制的为数不多的涉及宗教建筑外观的草图[7]。

图 36　列奥纳多·达·芬奇,
《圣杰罗姆》及细节图

　　15 世纪 80 年代初,达·芬奇为圣多纳托的奥古斯丁修道院创作了《博士来朝》,1482 年,直到他离开佛罗伦萨去往米兰时这幅画作仍未能完成。[8] 相比达·芬奇的其他作品,这幅画作表现出了他对背景建筑物浓厚的兴趣,其重视程度可以从两张草图(图 37、图 38)中看出来。

　　宗教是 15 世纪佛罗伦萨艺术中的流行主题,画家创作时,或分析《圣经》描述的建筑,或研究对建筑残留古迹和遗址的文献记载,但达·芬奇看重的是基督教的历史、赞助人的支持、历史遗迹中对文化与艺术的吸收与传承……这些激发了他对建筑创作表现的想象力。在洛伦佐·德·美第奇的推动下,人们对维特鲁威建筑理论表现出日益高涨的兴趣,从 1481—1482 年由波提切利创作的另一幅《博士来朝》(华盛顿,美国国家美术馆),即可看出三角楣与古代理论家所描述的建筑构架之间的关联。[9]

图 37 列奥纳多·达·芬奇，《博士来朝》

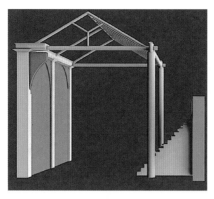

图 38　《博士来朝》背景建筑复原图　　图 39　弗朗切斯科·迪·乔尔吉奥·马尔提尼，《博士来朝》

　　图 37 这幅收藏于法国卢浮宫的素描图纸记录的是达·芬奇建筑研究的第一阶段[10]，图纸右侧描绘的看上去像一个古老遗址的构架，其中设有两条平行的坡道，使人联想起罗马克劳狄乌斯神庙[11]。图中，楼梯之间及其两侧均设有拱廊，中间的拱廊前有一个人正在劳作，周围的人们肩上扛着建筑材料正在上下楼梯。圣家族（耶稣、玛利亚、若瑟）位于建筑前，该建筑右侧由树干和树枝等简陋木质结构组成，左侧是堵住的拱廊以及带有装饰的支柱，门楣中心用优雅的贝壳装饰。

　　图 38 为图 37 的背景建筑复原图，达·芬奇似乎对维特鲁威不断衍化的观念很感兴趣，根据这一思路，所有建筑模型都可以追溯到木制小屋，这一简单结构是所有复杂建筑模型的起点。画家兼建筑师弗朗切斯科·迪·乔尔吉奥·马尔提尼也吸收且个性化地应用了该模型，他在锡耶纳的圣奥古斯丁教堂项目中以同样的方式创作了表现耶稣诞生的艺术作品[12]。（图 39）

　　收藏于乌菲齐美术馆的《博士来朝》（图 40）仅表现了达·芬奇所描绘的场景中耶稣、玛利亚、若瑟的后半部分，舍弃了混合建筑结构，图中左侧区域绘有向中心处延伸的遗址[13]。画面向灭点汇聚的几何布局加剧了透视效果。作品背景区域的笔迹显示艺术家在绘制时

图 40　列奥纳多·达·芬奇，《博士来朝》

有过犹豫、舍弃、修改。与图 38 不同，本图中的两条坡道由拱形结构支撑，这一选择增加了建筑结构的透明度，左侧的门廊同样有助于解读建筑结构。这一构图使人们的视线可以透过每个空间以便了解其功能及它们之间的相互作用。借助于坡道之间的三个拱门，建筑物的墙壁通过形成护栏结构的墙体延伸到建筑的第二层，增强了建筑的坚实感。在对面，也就是画面右侧，我们可以辨认出一个突出的饰有拱形门楣结构的草图。考虑到图中所绘的情景，这一结构碎片让人联想到古老建筑的残留部分。（图 40 的结构可参考图 41）

在图 40 的画面右侧，达·芬奇浅浅地勾勒了牛头和驴头，这种方式是概括性地表示马槽。画面两侧分散堆积着建筑残留物，工人正在搭建帐篷，其中一名工人冒着跌落的危险，试图将帐篷顶固定到树干上，以保护施工现场，有的工人在废墟前的凉廊上、护栏结构后侧工作，有的工人在附近的坡道楼梯上休息，还有一头骆驼卧在楼梯旁。图 37 和 40 虽然风格相同，但图 40 中展现的信息更加详细，很难判断达·芬奇在这件作品左侧所展示的场景设计是对古代建筑加固还是新建的工程。

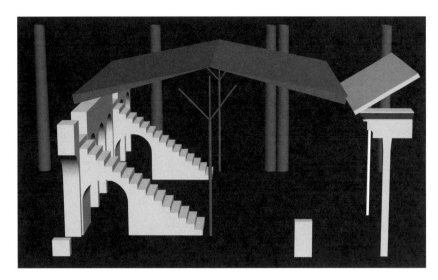

图 41　图 40 背景建筑复原图

　　在图 40 中，达·芬奇尝试在前景人物（耶稣、玛利亚、若瑟）与建筑之间建立一种和谐的构图关系。[14] 为达到这一目标，达·芬奇在作品右侧加入了脱离宗教主题的标志性建筑与帐篷。这一构图弱化了画面的透视感，而画中复杂的布局好像安排着不同的情节，我们的目光可以在画中所呈现的不同情节之间自由游走。跳过前景，面对几乎完整保存下来的轮廓，达·芬奇画了相对较多的具有开口功能的结构，比如建筑正面的柱廊，仿佛是为了让好奇的观众目睹某一刻发生的奇迹般的事件。在建筑的第二层与距离第一个坡道不远的位置，达·芬奇画了立柱柱身，这一选择不仅在视觉上强化了作品中的纵向元素，同时也象征了圣母玛利亚或即将诞生的基督。[15]

　　尽管这件作品的具体寓意仍待确定，但其中正在被上色的建筑无疑是解释这个场景的关键。图中工人的活动引导我们联想到古代纪念碑修复的场景，由于天主教当时还没有建立纪念碑的传统，因此被修复的建筑极有可能是异教徒留下的建筑遗迹。从这一点分析，对于达·芬奇而言，遗址象征了革新改造以适应新的审美与建筑文化要求的场地。相比安德烈亚·曼特尼亚的《采石场圣母子》（1488—1490）

中描绘的高耸岩石中的工人开采场景，达·芬奇的《博士来朝》画作中描绘有众多细木工匠和建筑工，也可能是对基督的父亲所从事职业的一种暗示。但这并不排除两个平行坡道所通往的废墟与近代建筑之间存在着一定的关系。正如我们已经分析到的——在15世纪80年代初期，洛伦佐·德·美第奇设想了对波焦阿卡亚诺府邸的建造，该府邸的第一块基石于1483年铺设，正式动工则是起始于1485年。据瓦萨里所述，波焦阿卡亚诺府邸的建造为许多艺术家的创作提供了灵感来源[16]。很有可能是在1481—1482年，洛伦佐·德·美第奇与达·芬奇已有过交流，并且达·芬奇有可能已经见到了该建筑的图纸或模型。

　　总而言之，达·芬奇在《博士来朝》中所绘的建筑上层及拱门之间的比例与朱利亚诺·达·桑加洛提出的建筑模型一致。[17]即使这一假设相对来说比较大胆，但我们也不能完全排除达·芬奇在其绘画作品中是有意展现该建筑构思。毕竟，古代宗教建筑象征了对佛罗伦萨君主以及对推动古罗马时期建筑发展的资助者的赞扬。

　　达·芬奇在1495—1498年完成了作品《最后的晚餐》，画中的建筑构思清晰且新颖：方格形状的天花板加强了画作构图的严谨性和透视感，交替布局的门洞及悬挂于侧墙的挂毯同样突出了这一构图特点。[18]达·芬奇在作品中从整体建筑布局角度上，体现了对耶稣的重视：耶稣身处画面的中心位置，头微倾，其身后的门洞开口比其两侧门洞宽，且装饰有三角楣。

场景设计建筑图纸
以及未完成的用于绘画作品的建筑素描图

在大量的建筑、防御工事素描图纸中，达·芬奇对部分人进行了夸张的塑造并对叙事特征加以强调，以暗示他们在宫廷中的职能。[19]或许达·芬奇原本就打算将他们画进庆祝军事胜利主题的画作或者场景设计中。在这些素描图纸中，我们同样也看到了城市被破坏的场景（图 42）。

图 42 是一座堡垒，上方是带有倾斜的角楼，两侧是墙，下方的塔是遭到轰炸的瞬间，石头猛烈地散布在各个方向，画面效果如此强烈，我们仿佛都能听到爆炸声，闻到硝烟的气味。

在这组编号为 Rl 12652v 的画作中，还有一幅图纸也可以追溯到达·芬奇第一次在米兰居留期间（温莎城堡，Rl 12497）[20]，也显示出达·芬奇对被破坏的场景的着迷：一只动物穿过布局对称的宫殿，它从建筑主立面处经过，导致了碎片和石头的掉落。建筑物的第二层与柱廊相连接，这在当时是相对罕见的布局，但唯独可以在伯拉孟特的场景图中看到。[21]建筑物中心，也就是动物穿过的区域，由两面顶墙支撑，这种结构使其区分于拱形楣饰顶楼形式的建筑立面，同时也昭示着达·芬奇在 1505 年旅居罗马以后深入研究结构的方向。[22]

达·芬奇在创作这一场景时有可能是回忆起了 15 世纪 80 年代初期在阿尔伯蒂理论影响之下的有关于佛罗伦萨兴起的复兴建筑形式的辩论。[23]

图42 列奥纳多·达·芬奇，被爆炸摧毁的城市

注释

1. 建筑图（Architettura Picta）2016。
2. 参见本书中《城市重建与理想家园》一章。
3. 弗洛梅尔（Frommel）S.2013，第 95 页至 108 页。
4. 贝鲁奇（Bellucci）2013，第 247 页至 263 页。
5. 弗洛梅尔（Frommel）C.L.2006b，第 69 页。
6. 佩德雷蒂（Pedretti）1995，第 280 页至 281 页。
7. 参见本书中《教堂的居中布局》一章。
8. 近期的建筑重修伴随了大量出版物的出版，我们引用了贝鲁奇（Bellucci）2017，第 63 页至 108 页；法拉帝（Ferretti）2017a，第 107 页至 122 页；法拉帝（Ferretti）2017b，第 151 页至 160 页。
9. 与国家美术馆收藏的绘画作品《博士来朝》（创作年代约为 1475 年）对比，清晰揭示了建筑词汇的变化〔弗洛梅尔（Frommel）S.2013，第 98 页〕。
10. 艺术图纸部（RF 1978）（214mm×284.5mm）。参见佩德雷蒂（Pedretti）1995，第 282 页至 283 页；弗洛梅尔（Frommel）S.2016a，第 86 页至 96 页；法拉帝（Ferretti）2017a；弗洛梅尔（Frommel）S.2019c，第 246 页至 247 页。
11. 这座神庙的建筑模型在弗朗切斯科·迪·乔尔吉奥（Francesco Di Giorgio）（Gdsu 327av）的设计图纸中可以找到，可能是阿尔伯蒂为曼托瓦（Mantoue）的圣塞巴斯蒂安教堂（église San Sebastiano）设计的模型〔布恩斯（Burns）1994，第 360 页至 361 页〕。
12. 弗洛梅尔（Frommel）S.2013，第 103 页至 104 页；弗洛梅尔（Frommel）S.2016a，第 97 页至 99 页。
13. Gdsu 436 E(163mm×290mm)。参见佩德雷蒂（Pedretti）1995，第 282 页至 286 页；卡梅罗塔（Camerota）、娜塔丽（Natali）、塞拉奇尼（Seracini）2006；弗洛梅尔（Frommel）S.2016a，第 86 页至 96 页；法拉帝（Ferretti）2017a；弗洛梅尔（Frommel）2019c，第 248 页至 249 页。
14. 弗洛梅尔（Frommel）S.2013a，第 92 页至 94 页。
15. 最先，艺术家设想将细节结构安置于相对较远的位置，但在随后的建筑布局中拉近了建筑与圣家族的距离，以使宗教性特征更加明显〔弗洛梅尔（Frommel）S.2019a，第 97 页〕。
16. 弗洛梅尔（Frommel）S.2014，第 70 页至 71 页〔德语版弗洛梅尔（Frommel）2019a，第 82 页〕，参见本书中《住宅：宫殿和别墅》《达·芬奇及其同时代的艺术家》两章。
17. 弗洛梅尔（Frommel）S.2016a，第 98 页。
18. 佩德雷蒂（Pedretti）1995，第 286 页至 289 页。
19. 见《大西洋古抄本》F.9v-A [33r]，参见佩德雷蒂（Pedretti）S.2019c，第 180 页至 181 页。
20. 佩德雷蒂（Pedretti）1995，第 305 页；弗洛梅尔（Frommel）S.2019c，第 26 页至 27 页。
21. 波加（Pochat）1990，第 278 页至 279 页。
22. 参见本书中的《达·芬奇及其同时代的艺术家》一章。
23. 阿尔伯蒂在《建筑艺术》一书中赞同了在私人建筑中使用墙饰的做法，但前提条件是——墙饰使用在私人建筑中的尺寸必须比应用在宗教建筑中的尺寸要小。弗洛梅尔（Frommel）S.2007b，第 285 页。

米兰大教堂的灯笼式顶楼

乔恩·吉罗姆
（Jean Guillaume）

达·芬奇对米兰大教堂的灯笼式顶楼有着非常系统的研究，这体现了他作为建筑师的深厚功底，他与布鲁内莱斯基都更加关注建筑工艺以及相关的技术问题，而非外观。[1]

自 1386 年米兰天主教大教堂开始修建（历时一个世纪），1480年，巨大顶楼将安放于祭坛、耳堂以及占据了五个跨度的中殿之上。这个顶楼可谓是整个工程中最为复杂的环节——在四根高度达 50 米、宽度为 2.67 米的支柱上建造（图 43）。然而此时，耳堂中心处的八角形小顶楼的工程还没有完成。

遍览米兰建筑历史，灯笼式顶楼还从来没有被搭建在如此高耸又单薄的支撑物上。此外，从大教堂的哥特式建筑风格来看，建筑的中央部分理论上应该建造成尖顶。即使四根立柱可以支撑顶楼的重量，与宽度为 1.05 米的尖拱顶结构连接仍然不够坚固。最棘手的是需要保证四根立柱不会由于穹顶结构的压力而逐渐向四周偏移。1481 年，米兰大教堂工程建设的监督机构就这些问题咨询了很多建筑师的意见，当然也请教了弗朗切斯科·迪·乔尔吉奥、伯拉孟特和达·芬奇。[2]反复探讨之后，1490 年 6 月 27 日，米兰大教堂工程建设的监督机构最终采用了由弗朗切斯科·迪·乔尔吉奥与米兰当地建筑师阿玛多（Amadeo）、多尔切博诺（Dolcebuono）共同完成的设计方案。然而，在之后的施工过程中（1490—1500 年），阿玛多和多尔切博诺几乎没有采纳弗朗切斯科·迪·乔尔吉奥的建议，实际落成的建筑也与预期的设想相去甚远。实际采用的建筑结构更加简单有效，偏向于厚重的伦巴第建筑风格，彻底偏离了专家们提出的繁复的解决方案——在交叉甬道和尖拱顶交叉点上方建造四个宽度为 1.8 米的半圆拱门，用以支撑灯笼式顶楼的重量。

通过达·芬奇绘制的大量图纸和构建结构模型，我们能看出来他在 1487—1490 年认真思索了灯笼式顶楼结构的问题，达·芬奇在跟米兰大教堂工程建造监督机构的信件往来中解释了他的设计原则，他认为建筑师需要像医生开药方一样给建筑"对症下药"。他把对灯笼式顶楼结构的解决思路表现在 20 幅左右的素描草图以及两幅大尺幅的剖面图中，里面包括了针对结构支撑问题的各种精辟设计，不仅涉及了米兰大教堂灯笼式顶楼的结构难题，还探讨了它们的形状。由于这些图纸难以排出时间顺序，因此我们也不能确定究竟哪一个才是最终方案，当然，最终方案对于始终在寻找新思路的达·芬奇来说也未必真的有意义。事实上，达·芬奇对寄给米兰大教堂工程建造监督机构信件的回复也不是很在意，对他来说，这仅仅是开展他对建筑"重量"和"力学"（引用达·芬奇在信中所使用的名词）双重研究的契机。

Spaccato traversale del Duomo

图 43　米兰大教堂，耳堂和灯笼式顶楼横剖面图

灯笼式顶楼结构

达·芬奇为灯笼式顶楼结构设计出了富有创造性的支撑系统。图6中，达·芬奇使用了八个体积更大且相互交叉的尖拱顶，用它们代替原设计中四根位于十字交叉点的立柱尖拱顶，将交叉点的立柱与反方向侧面的第一根立柱相连接。对于上方的尖拱结构来说，只有位于中心的起拱部分是相对可见的（可见部分包括起拱和连接十字交叉点的四条立柱尖拱顶）。这些交叉布局的尖拱顶确保了支撑系统的稳定，飞扶壁进一步提高了系统的强度，中央尖拱结构的宽度是侧面尖拱的两倍，位于对角线垂饰上方的尖拱明显短于其他尖拱，共同构成了一个不规则八边形的建筑布局。

这种相互交叉的拱形结构在建筑中史无前例，让人联想到哥特式建筑，布局巧妙的拱门使得"弱势变成优势"。[3]相较于同时代的建筑师，达·芬奇对德国大教堂建筑有着更大的兴趣。[4]因为他坚信建筑物的稳定性是建立在力学研究之上的。毫无疑问，他确实是受到了这些德国建筑的启发，创造出了这些体轻又坚固的结构，可以支撑非常高的拱门，达·芬奇的设计可以说是"源自并超越了哥特式建筑"。[5]

达·芬奇考虑到这种理想化的解决方案在大多数建筑物上适用性不高，又设计了该方案的变体模型（图44、图45）。

这两张图纸的下半部分区域描绘了两根立柱之间的交叉甬道的剖面图，以及大尖拱相互穿插的结构。这些大尖拱连接着立柱，尖拱上方采用砖石材料，侧拱上方设有墙体。大尖拱两端上升部分的结构通

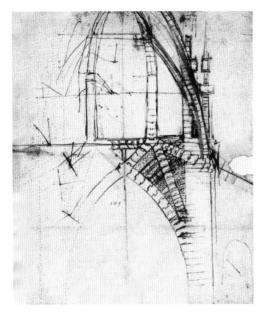

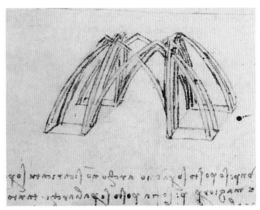

图 6　列奥纳多·达·芬奇，柱子、交叉甬道、上方、双帽状拱顶的投影剖面图　　图 44　列奥纳多·达·芬奇，交叉甬道拱形设计

过石链延伸开来，这些石链用于八角形顶的加固，最终汇聚于八角形的顶点。大尖拱可以起到将顶部重量转移到角柱上的作用，由于大尖拱的倾斜度较小，与侧拱上方墙体连接后，强化了建筑水平方向上的稳定性，最后由一条石链取代了在之前方案中提出的侧面第一根支柱上的起拱。虽然建筑模型中存在结构重叠的部分，但可以通过砌筑工程实现拱与链结构的结合。达·芬奇以近乎解剖学的精度对该模型进行了绘制。为了使整体结构更加坚固，达·芬奇还建议在材料上选用形状互相契合的石块。

　　在达·芬奇的众多素描中，石链结构还有反拱结构作为变体，该结构构成的柔性曲线不禁令人联想起威尔斯大教堂的交叉甬道，就像达·芬奇曾写的那样："拱形结构且坚且轻。"

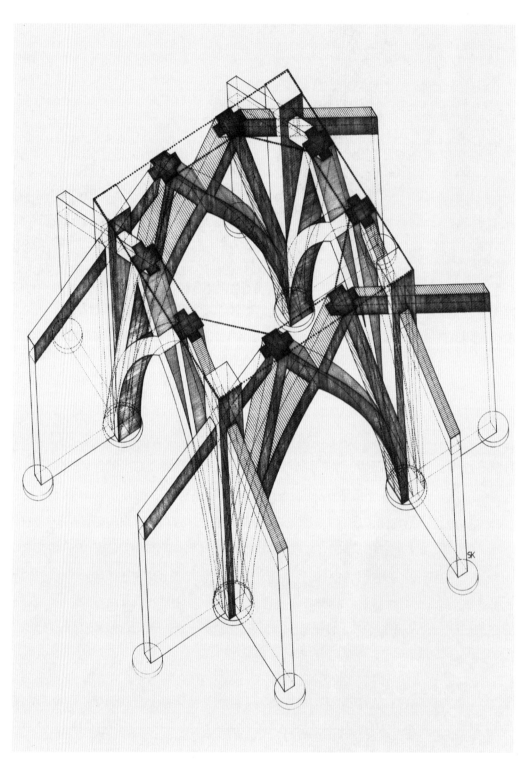

图 45　八角形圆顶支撑系统

外观选择：
穹顶结构胜于灯笼式顶楼

尽管达·芬奇为布鲁内莱斯基的建筑风格所着迷，但他从未真正设计过灯笼式顶楼，他偏爱于穹顶，但穹顶结构并不适用于米兰大教堂，米兰大教堂体积巨大，交叉甬道的尺寸又不够，无法承受与教堂体积成比例的穹顶重量。因此，达·芬奇想到要尽可能地提升穹顶结构的高度，他设计出一个鼓形穹顶，宽度略大于交叉甬道宽度，由建在厅堂中央外墙上的侧翼支撑（图46）。

在这幅素描中，达·芬奇还设计了一个更雄伟的方案：他将一个多边形穹顶嵌于一个与交叉甬道相邻且等大的正方形中（多边形穹顶可能有12个面）。另外，他按比例降低了鼓形穹顶的高度，鼓形穹顶周围有回环廊柱，图纸下方绘有结构简化、概括的教堂立体图（中心厅堂与前景中的侧面厅堂顶部结构相同），尽管它是最美观的一套方案，但这也是最难实现的建筑结构，体现了达·芬奇对结构设计的极大兴趣。

毫无疑问，达·芬奇必定已经考虑到了该方案的难度和问题，因为在同一幅素描图纸上，还绘有对半圆形布局框架结构的研究，这一设计可能适用于重量较轻的框架结构，如威尼斯建筑。小型弯曲结构在当时属于全新理念，这与菲利贝尔·德洛姆的新发明惊人地相似。[6]

最后，达·芬奇研究了一个解决方案，它虽看上去很平常，但结构独特，在意大利建筑中并无先例——达·芬奇彻底放弃了鼓形结构，采取正方形实体穹顶（图46、图47）。

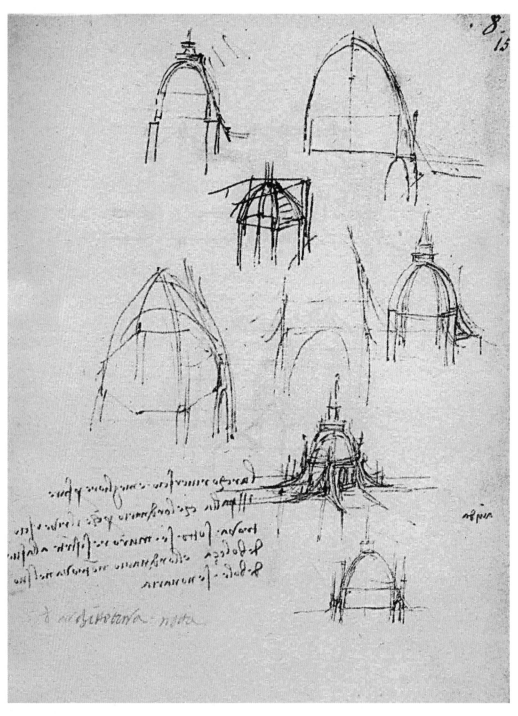

图 46　列奥纳多·达·芬奇，米兰的鼓形穹顶和侧翼支撑壁

这个方案建造起来最为简单，只需要将四个下降的小拱固定在拱形结构上方的墙体上即可。伯拉孟特也曾因为建造简单而推荐这种类型的结构，可以推想，他对达·芬奇的这一设计是十分赞成的。达·芬奇在双穹顶模型的素描图纸中对这一结构进行了最为详细的描述，可想而知，这种结构也是他个人最喜爱的。（图6、图47）

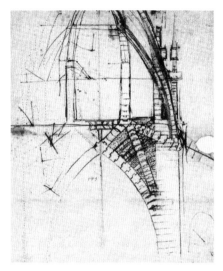

图6 列奥纳多·达·芬奇，柱子、交叉甬道、上方、双帽状拱顶的投影剖面图

图47 列奥纳多·达·芬奇，双圆穹顶，外方内八角，中央尖塔由两个圆顶之间的拱门系统支撑，左上方为结构剖面图

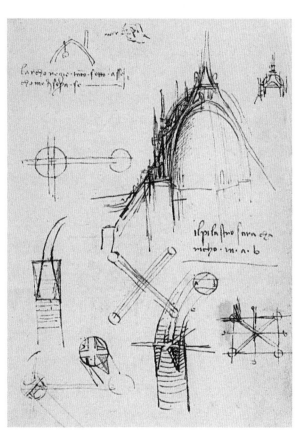

双穹顶结构

达·芬奇所有的剖面图都伴有穹顶图示，在《大西洋古抄本》中的两幅图纸也展现了双穹顶结构，一外一内——达·芬奇设计了体积较大的八角形穹顶以及体积较小的方形穹顶。这一双穹顶结构基于布鲁内莱斯基的设计，可用于强化拱顶结构并优化力量分配的结构[7]。我们可以看到，在其中一幅较小的剖面图中，两个拱形结构之间的间距是较大的（图47）。在另一幅图纸中可以清楚地看到位于右侧部分的"肋条"结构，通过还原图我们可以更好地理解这一结构（图48、图49）。

达·芬奇在《提福兹欧手稿》中的一幅草图里再次涉及到这一结构，如果外穹顶存在的话，至少外穹顶的各角的高度将更高，与拱形结构之间存在很大的空隙。在这个空隙中，诞生了一个原创结构：在第一个穹顶上方搭建倾斜角度很大的拱形结构（对穹顶无推、挤作用），它起到分担重量的作用，因为与大教堂建筑风格相似的"哥特式"尖顶重量实在太过巨大，薄弱的外穹顶结构无法单独承受。这一创新结构的特点在于其双曲线形状，达·芬奇曾在灯笼式顶楼支撑结构的研究中用到过这一形状，他将其概括为"且坚且轻"。图48、图49清晰地显示出这种拱形结构与飞扶壁类似，以及其在双穹顶结构中的位置。尽管这一结构在文艺复兴时期的建筑中没有得到应用，但之后，雷恩（Wren）在修建圣邓斯坦礼拜堂的尖顶时，将其运用到了建筑的四个拱形结构设计中。

图 48　八角帽位于方形上的圆型穹顶：支撑尖塔的双曲拱轴测图

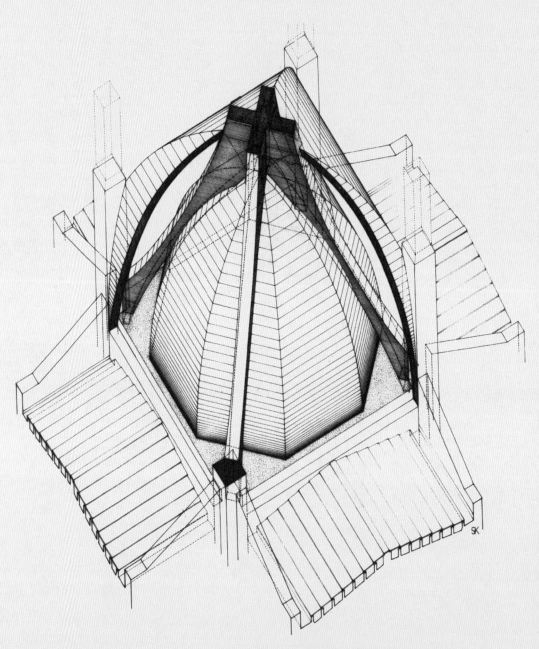

图 49 八角帽位于方形上的圆型穹顶：灯笼式穹顶沿轴线的横切剖面图

注释

1. 关于灯笼塔构造的最深入的研究仍然是斯科菲尔德（Schofield）1989 年的研究。
2. A.布鲁斯基编写的三份报告，详见《文艺复兴时期的建筑著作》，米兰，1978，第 319 页至 386 页。
3. "弧形只不过是力量在两个弱点之间互相作用的结果"（Ms A，F.50r）。
4. 手稿 B 的 F.10v 文件中出现了复杂的带肋拱顶结构设计，在此文件中还出现了 "Di Teodoro In Domo" 的批注，指明德国建筑师在为大教堂工作。
5. 布鲁斯基（Bruschi）Op.Cit. Supra N.2，第 342 页。
6. 新发明……，巴黎，1561 年。构思相同，不同的技术解决方案：达·芬奇使用锯齿形状的元件组装的厚木板，而德洛姆（Delorme）则使用销钉组装的薄木板。
7. 在弗格森（Fergusson）1977 年的研究成果中，这一布局设计最先被理解。

教堂的居中布局

乔恩·吉罗姆
（Jean Guillaume）

居中布局，即建筑所有组成部分相对于中心轴呈对称分布，中心轴数量通常为两个或四个。这种布局在拜占庭式建筑中很常见，但在当时西方教堂建筑中却比较罕见，西方教堂建筑首选的往往是具有中堂的结构。直到 15 世纪，具有创新精神的建筑师们对居中布局的兴趣越来越浓，因为在这个结构中，他们可以对建筑体积及空间进行统一的布局，这种对称式的结构同时也表达了宗教信仰中神的完美，因此，大多用于教堂建筑。

1487—1490 年，达·芬奇对居中布局进行了大量的研究，包括当时重要的建筑工程，如新的帕维亚主教座堂、米兰恩宠圣母教堂祭坛。这些工程激发了达·芬奇对教堂建筑研究的兴趣，但是达·芬奇的研究，并非与这两项工程密切相关，或毫无关系。[1] 达·芬奇所绘研究图纸的系统性一度令人们以为他的目标是要撰写穹顶教堂建筑结构方面的巨著，手稿 B 中留下了达·芬奇有史以来最具想象力的一系列有关教堂建筑的图纸，除了平面图之外，且附有鸟瞰图，而之后的图纸则数量不多且想法相近。[2]

平面图类型

达·芬奇的居中布局平面图都包含一个中心区域及多个外围区域。这些图纸可以被划分为两组：辐射布局平面图和交叉布局平面图。辐射布局平面图中位于中心的是多边形或圆形区域，周围通常是八个区域模块。反之，交叉布局平面图则是构建在两个垂直轴之上。

两者的区别是基于集中和交叉的对立，但建筑结构中的可能性远不止于此。当辐射平面图中的八个外围元素的重要性不等时，突显出了两主轴和两个附轴之间的对立性。随着对立性的增强，平面布局就会越来越接近交叉布局，尽管辐射布局的外围区域无法转化为交叉布局中的轴，但其汇聚点是位于交叉处的，如果将辐射布局中的区域（处于中心的多边形或圆形区域）引入交叉布局，那么可以创造出一种新结构。因此，我们最终概括为五种类型的居中布局设计——三种辐射布局以及两种交叉布局。

辐射布局平面图中的外围区域可以是位于空间中心的敞开式的半圆形教堂后殿（图7）。更常见的是圆形或八边形的独立礼拜堂（图8、图9）。我们试图复原了一个建筑模型，[3] 这个敞开式的礼拜堂交叉布局设计模型位于中心区域（图10、图11）。

在辐射布局中也可以使用两种类型的外围元素进行交替排布，目的是改变外围与中心空间的关系。在辐射布局中引入交叉布局的某些效果，偏重双轴结构，达到两种类型空间强化对比的效果。我们可以在两个相邻的设计方案中观察到：四个向外部伸出的后殿礼拜堂的比

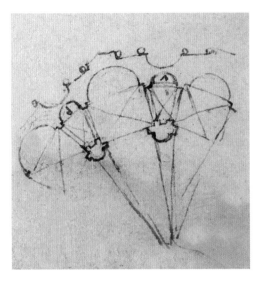

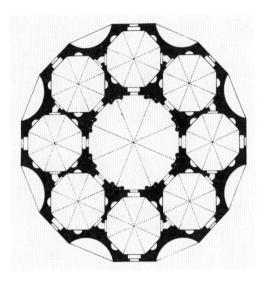

图 7　列奥纳多·达·芬奇，两个半圆形后殿　图 8　8 个小教堂辐射布局图
在 12 个半圆形后殿辐射群中

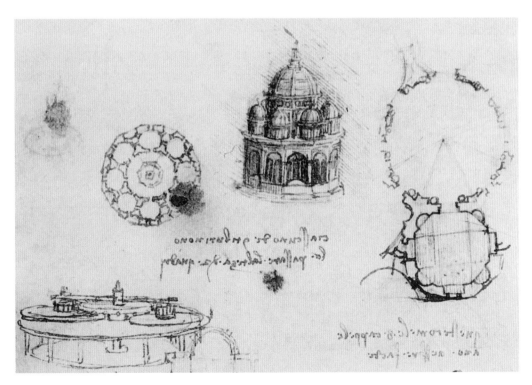

图 9　列奥纳多·达·芬奇，8 个小教堂辐射布局图

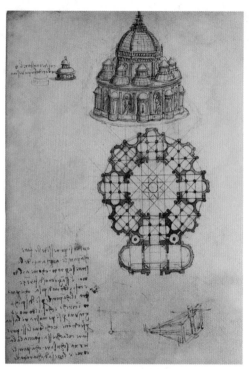

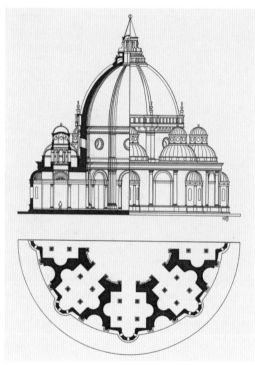

图 10　列奥纳多·达·芬奇，8 个小教堂辐射　图 11　圆顶（图 10 的立视图和平面图）
布局图

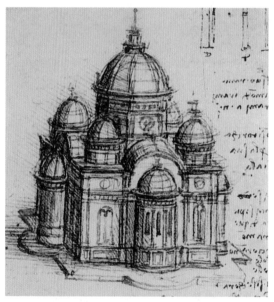

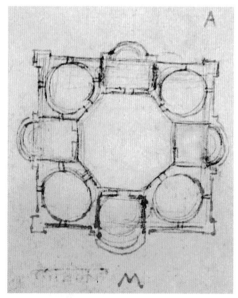

图 12　列奥纳多·达·芬奇，包含 4 个长形小教堂　图 13　列奥纳多·达·芬奇，包含 4 个长
的辐射布局图　形小教堂的辐射布局图

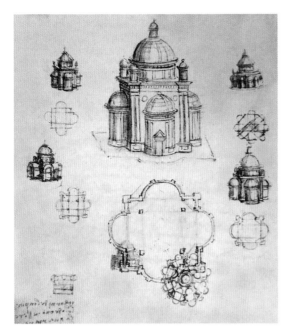

图 15　列奥纳多·达·芬奇，十字形教堂布局图以及两个教堂的辐射图

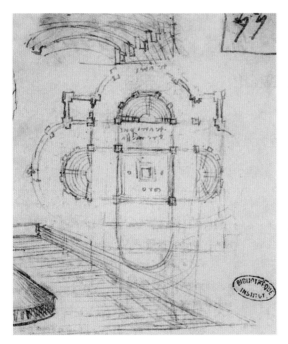

图 16　列奥纳多·达·芬奇，带有台阶、半圆形后殿的十字形教堂布局图

例更长（图12、图13），中殿轴线处的礼拜堂（横截面与图11中的平面图类似）比角落处的礼拜堂占地面积更大，位于中央的八边形的形状变得不规则了，其长边与中殿轴线处的礼拜堂相对应。

由于不同的构造原理，交叉布局与之前所提到的所有布局结构（包括交替性最强的结构）也不相同：两个垂直轴的交点确定了一个正方形的交叉甬道，在此基础上，只需延长其中一条甬道就可以获得希腊十字形的平面。

简单的希腊十字形或包含五个穹顶结构的正方形布局结构主要由托斯卡纳的朱利亚诺·达·桑加洛和威尼斯的科杜西（Codussi）应用，达·芬奇实际上并没有表现出极大的兴趣。相反，他对在米兰观察到的较少见的建筑结构感兴趣：正方形空间由四座后殿组成，位于空间中心的灯笼式顶楼由四根立柱支撑。该结构被应用在早期基督教教堂建筑中的圣沙弟乐圣母堂、四面圆拱形教堂祭台回廊以及圣洛伦佐大教堂。达·芬奇曾数次将这种结构用于小型教堂（图15）和处于高地的教堂中（图10）。

065

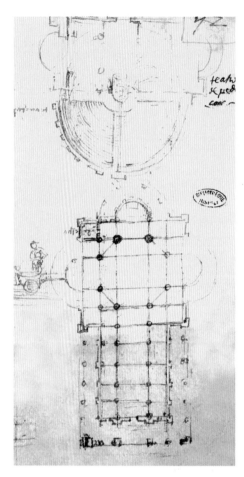

图 17 列奥纳多·达·芬奇，教堂、八角形中心空间以及"传道布景"

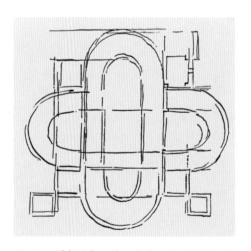

图 18 列奥纳多·达·芬奇，十字形平面图

达·芬奇绘制了一幅更加复杂的结构平面图，图中的设计参照了圣洛伦佐教堂的模型，通过利用祭台周围回廊，将后殿数量增加了一倍（图16），祭坛位于布局中心，阶梯则建造在4个后殿中。"为了传道而布景"，他同样将之运用在乌托邦式的设计中（图17）。

达·芬奇在一幅极富表现力的素描中对该布局进行了更深一步的优化，可惜的是这张草图画痕已淡化，难以辨识（图18）。图中的长轴为双跨度，角落绘有钟楼。

最终，达·芬奇在一幅素描图中将十字架布局与八角形设计相结合，这一设计很可能与帕维亚教堂的重建工程有关，该工程由伯拉孟特主持（图48、图49）。图中，十字架布局与八角形空间很好地连接起来，加宽了中心位置的厅堂比例，实现了对建筑内部空间的逐渐性扩大，由教堂祭台周围的回廊扩展到了中心厅堂，再由厅堂扩展到圆顶之下的八边形。通过支柱、立柱等支撑结构，可见教堂内部的空间，逐渐扩大的面积，使建筑物兼具宏伟性和空间动态性。

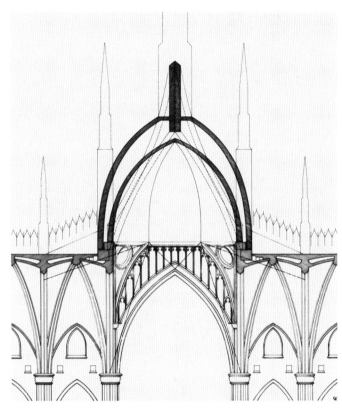

图 48　八角帽位于方形上的圆
型穹顶：支撑尖塔的双曲拱轴
测图

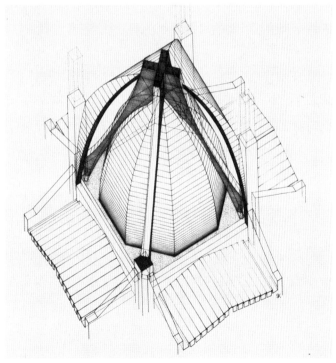

图 49　八角帽位于方形上的圆
型穹顶：灯笼式穹顶沿轴线的
横切剖面图

表现建筑体积的平面图

空间衔接结构的研究，是达·芬奇基于他对建筑研究的引申内容。辐射布局中的教堂是围绕一个较高的中央元素展开分布的，中央元素通常为位于顶塔上的鼓形八角穹顶，类似于佛罗伦萨大教堂的穹顶。而外围元素则通常由多个礼拜堂组成，礼拜堂体积也可以突出个性化，这样外围结构的形态也有了更多的可能性。达·芬奇的几种解决方案中，可以看到覆盖有小圆顶的圆柱体（图 50），或是一个个封闭的圆形（图 8—图 10），或是平行的六面体（图 12、图 13），而这些圆柱所在位置均是后殿位置。达·芬奇在最终方案中用圆形布局替换了位于角落的礼拜堂，为建筑结构增添了动感。该构思显然是受到了米兰圣洛伦佐教堂的启发。

这些图纸中对教堂祭台周围回廊的交叉布局没有显示出来。所幸，在图 17 中，我们可以看到，位于中心的平行六面体、后殿尖顶、两个与穹顶形成鲜明对比的尖锥形钟楼一起被完美地区分开来。这一布局让人联想到帕多瓦的圣安东尼教堂司祭席后部区域的设计。

图 50 几乎概括了达·芬奇一向追求的理想建筑模型的特征：通过突出中央穹顶实现建筑结构的统一，通过个性化的外围元素实现建筑的多样性。统一性特征很容易通过艺术家的佛罗伦萨身份来解释，但多样性特征的起源相对比较隐晦，因为穹顶结构在当时仅出现于威尼托和拜占庭。

图 50　列奥纳多·达·芬奇，带圆顶小教堂的教堂视觉图

069

立视图

尽管达·芬奇所绘制的立视图并不多，但有些立视图却极具独创性，颇值得研究。

达·芬奇通常使用壁柱结构，以中央体积为主、后殿体积为辅，对交错布局的使用并不是一定的。在两幅含八个相似外围元素的教堂建筑图纸中，教堂外观主要是由祭台和壁龛之间的距离决定的，而达·芬奇却表现出了对使用正面柱结构的兴趣。图7，在一幅包含12个半圆形后殿的平面图中，建筑每个凹面都被由四根不等距立柱构成的帕拉第奥母题占据，平面图中心区域为半圆形壁龛（图51为复原图）。

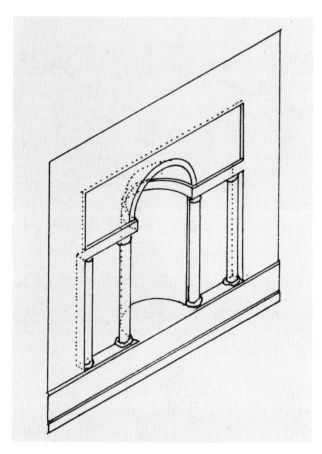

图51　图7中显示的帕拉第奥母题窗户复原图

另一幅素描图纸是达·芬奇思路最大胆、绘制最精细的一幅（图10）。图上方的柱座为大型立柱结构，这为交替布局的祭台和壁龛增强了节奏感，并在体积上产生了强烈对比，这既是达·芬奇使用柱顶盘结构表现立柱模型的原因，亦是15世纪后期建筑结构独特生命力的体现。[4]

达·芬奇很少涉猎教堂内部结构的设计，他绘制的建筑内部示意图结构单一，而且通常与上文研究讨论的平面图无关。唯一的例外，是有一幅含有三个等大辐射布局的平面图，它们描绘了美观且新颖的建筑内部设计，并在其中最详尽的一个布局图中表现得尤为清晰（图8—10）。

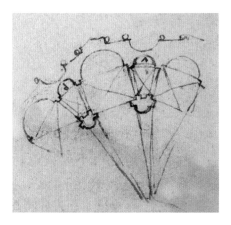

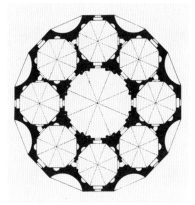

图7　列奥纳多·达·芬奇，两个半圆形后殿在12个半圆形后殿辐射群中　　图8　8个小教堂辐射布局图

图9　列奥纳多·达·芬奇，8个小教堂辐射布局图

达·芬奇在八角形各角安置弯曲壁柱（考虑到其结构轮廓突出，很可能位于拱形结构的墩柱上）和斜靠立柱，将两种结构叠加使用，增强了礼拜堂入口结构的层次感。这样的弯曲壁柱同样应用于圣沙弟乐圣母堂的圣器室及帕维亚主教座堂中拱形结构。在15世纪晚期的教堂内部布局中没有找到类似达·芬奇所绘的这种圆柱结构，可见这一新颖的圆柱结构实现的难度是很大的。事实上，当教堂拱顶的前拱由两根圆柱支撑时，拱形结构上的缘饰就是唯一轮廓突出的元素。通常情况下，两根圆柱倚靠的是支撑拱顶的墙壁而非中心区域墙壁。而达·芬奇在设计中却反其道而行之，圆柱倚靠在中心区域墙壁上，筒形拱顶延伸至建筑的中心区域，使拱形结构的层次感愈加增强。

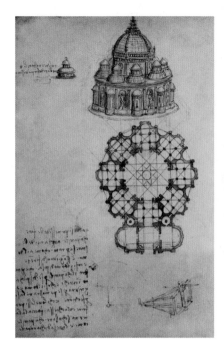

图 10　列奥纳多·达·芬奇，8 个小教堂辐射布局图

用倚靠墙壁的圆柱支撑拱形结构，作为门框设计的模型，这种设计首先出现在威尼斯，随后出现在 1489 年完工的米兰天主教建筑圣玛利亚感恩教堂入口处。我们无法考证达·芬奇绘图中的圆柱设计是否源于米兰建筑，但是可以肯定的是他对圆柱的外形进行了创新，主要体现在圆柱的使用位置、去除三角楣结构、开放拱廊。我们通过模型再现了它，以便更好地理解达·芬奇这一创新性构思的价值（图 52、53）。礼拜堂穹顶和教堂圆柱在中央八角形区域内，主空间与外围空间的独立单元相连接，八个"门"的结构表明了辐射布局的逻辑：它们不仅揭示了位于这一结构后方空间的内容而且也将人们的视线引向其他的布局空间。[5]

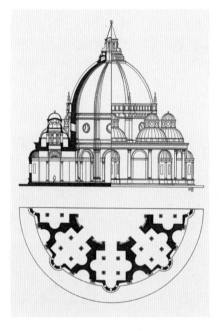

图 11　圆顶（图 10 的立视图和平面图）

图 52　根据图 10、图 11 做成的木制教堂外观模型

图 53　根据图 10、图 11 做成的木制教堂内部模型

教堂正面设计

直至垂暮之年，达·芬奇才对单殿教堂的正面设计表现出兴趣。巴黎手稿 B 中没有发现任何一幅这样的作品，达·芬奇晚年对单殿教堂的绘图视角总是在司祭席后部上方。达·芬奇 1481 年的画作《圣杰罗姆》背景中所绘制的教堂正面也极其普通，唯一值得欣赏的教堂正面画稿现保存于威尼斯美术学院画廊，其创作日期可追溯到 1515年（图 54）。

图中的教堂与当时正在修建的佛罗伦萨圣洛伦佐大教堂的正面设计思路完全不同，圣洛伦佐大教堂的正面更加宽敞。达·芬奇以非常简单的方式创造出具有动感的建筑布局，通过水平方向交替相连的梁间距以及垂直方向上第一柱顶盘在壁柱上的投影，将教堂正面的所有元素紧密连接起来，颇具新意。教堂表面结构体现出强烈的节奏感，建筑的中心部分在垂直方向上，同样明显地呈现出力感，投影在视觉上也强化了这一美学特点。

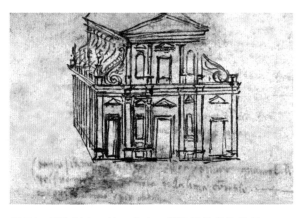

图 54　列奥纳多·达·芬奇，带透视的教堂外观

达·芬奇和文艺复兴时期的宗教建筑

由于在威尼斯期间的画作属于特例，我们需要通过参考达·芬奇手稿 B 中的建筑设计模型来分析他在文艺复兴时期宗教建筑史中所扮演的角色。

在达·芬奇的所有手稿中，使用辐射布局的建筑设计是数量最多、模型最新颖的，它们几乎没有受到外因的影响，而且包含了建筑内部结构的立视图。米兰唯一一座与达·芬奇设计构思相呼应的教堂建筑是位于克雷马的圣十字玛利亚教堂 (Santa Maria Della Croce)，乔万尼·巴塔焦（Giovanni Battagio）在这一建筑中使用了带有四个十字形礼拜堂的圆形空间（内部为八边形）。

达·芬奇手稿 B（图 17）中，含八边形中心空间的十字架形平面图与伯拉孟特 1487—1490 年构思的帕维亚主教座堂的平面图非常接近，八角形的长、短边的比例与图纸上的模型相近，增强了中殿和祭坛空间上的延续性。当然，我们无法确定帕维亚主教座堂的构思与达·芬奇绘制此图的先后顺序，因此也不能断定伯拉孟特当时就是受了达·芬奇这一图纸的启发，这种相似性可能源于两位艺术家长期针对这一建筑结构的相互交流。而达·芬奇的十字架形布局与圣皮埃尔大教堂之间的关系则明显不同，因此需要研究清楚伯拉孟特是在何种程度上受到了达·芬奇手稿 B 中解决方案的启发。海登赖希看到了圣皮埃尔大教堂祭台周围回廊设计的两幅平面图（1505—1506 年绘制）中的"预设计"建筑模型，受到了圣洛伦佐教堂设计思路的启发，

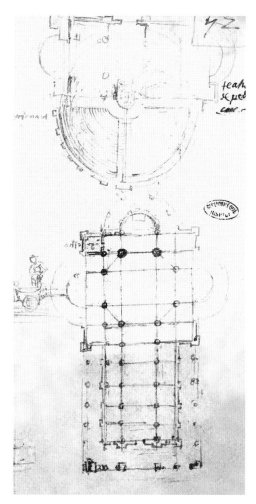

图 17 列奥纳多·达·芬奇，教堂、八角形中心空间以及"传道布景"

这也是海登赖希反复强调的重要出发点。[6] 伯拉孟特的确在其设计中大幅度增加了中心八边形长边与短边对比，用 4 个有明显凹陷结构的巨大支柱来代替传统的八个支撑结构。伯拉孟特的这一构思在达·芬奇绘制的多幅辐射布局的礼拜堂建筑草图中就出现过，建筑中充盈的空间被留白包围，这些空间并非在网格上规则排列，而是按照结构差异来并列布局。[7]

根据上述分析，我们认为达·芬奇在文艺复兴时期宗教建筑史中所扮演的角色是非常有限的〔例如神慰圣母堂（Consolation De Todi）的设计与其图纸之间几乎毫无关联〕，只是由于他和伯拉孟特有着"共同的过去"。[8] 达·芬奇主要对带有独立礼拜堂和复杂圆顶的辐射布局感兴趣，新颖美观的设计，充满动感的结构，在这个由古代建筑模型主导设计风格的时代，他的创意必定引起同行关注。

达·芬奇在草图中描绘出了圣皮埃尔大教堂未使用的十字架形平面，也勾勒出其对耶稣教堂立面的预想。以上例子可以说明达·芬奇构思的大多数建筑风格都颇具前瞻性，并非当时意大利建筑艺术发展的主流。他这些卓越草图与设计，就像 30 年后佩鲁齐的作品一样，证明了艺术表达的可能性远胜于我们的想象。文艺复兴时期不仅涌现出如此繁多且璀璨的绘画和雕塑，达·芬奇独具一格的建筑设计同样名垂青史。

注释

1. 斯科菲尔德（Schofield）于 1991 年对达·芬奇绘画的确切性质进行了充分的解释。
2. 参见海登赖希（Heydenreich）1929 年的开创性研究。
3. 1987 年，蒙特利尔的"工程师和建筑师列奥纳多·达·芬奇"主题展览，该模型目前收藏于佛罗伦萨的伽利略博物馆中。
4. 在伦巴第大区，唯一的例外是布雷西亚宫（1492 年）的圆柱状外墙，这一结构可能是伯拉孟特设计的。参见卢波（Lupo）2002。
5. 吉罗姆（Guillaume）在 1988 的研究成果中对这一重建方案进行了解释。但是，无法确定柱体上方的孔模是否一直延伸到墙壁上。
6. 海登赖希（Heydenreich）1929，第 63 页至 64 页。
7. 关于这一点，参见：海登赖希（Heydenreich）1929，第 48 页至 53 页；阿克曼（Ackerman）1999，第 197 页至 204 页；贝利尼（Bellini）2016，第 130 页至 131 页。
8. 海登赖希（Heydenreich）1969，第 145 页。

丧葬纪念碑

萨宾娜·弗洛梅尔
（Sabine Frommel）

丧葬纪念碑是文艺复兴时期风靡一时的作品类型之一。在美第奇家族统治期间，从布鲁内莱斯基的旧圣器室（Vieille Sacristie）到米开朗琪罗的新圣器室（Nouvelle Sacristie），佛罗伦萨在建筑领域取得了重大进展。一方面是因为富有的佛罗伦萨人希望以更加光荣的形式为自己建造坟墓，另一方面是因为这个时代有流行着美化死者形象的风气。这些建筑项目甚至促进了整体艺术观念的形成，包括建筑、雕塑、绘画和题词等形式。达·芬奇熟悉丧葬，他在韦罗基奥工作室期间，就曾经负责在圣洛伦佐大教堂的交叉甬道举行老科西莫的葬礼仪轨。根据达·芬奇设计的丧葬草图，我们判断出其中的两幅是他在米兰第二次居留期间根据想象绘制的：收藏于卢浮宫的陵墓素描和收藏于温莎城堡的吉安·贾科莫·特里武尔齐奥的陵墓雕塑。

陵墓工程

尽管哈德良陵墓、奥古斯都神殿遗址给古罗马遗产爱好者们留下了深刻的印象，但是在文艺复兴时期，古老的纪念碑形式的陵墓仅取得了初步的成功。原本应在圣伯多禄大教堂附近建造的圆形大厅，由朱利亚诺·达·桑加洛于 1504 年为尤利乌斯二世设计，在当时引起了众多艺术家的好奇。[1]

1505 年春，达·芬奇在罗马可能也已经意识到了这一点，于是参与到了为圣皮埃尔大教堂唱诗班建造纪念碑项目的申请中，最终，该项目交给了米开朗琪罗。[2]实际上，达·芬奇在 1508—1510 年间的绘画中就致力于这种建筑类型的研究，其中包括一个剖面图、一个平面图和一个细节图[3]（图 55）。

但是，这些草图与 1487—1490 年间的手稿 Ms.B，F.19v（图 56）有所不同，此建筑场地更加宏伟壮观，必须建造在山顶，只能通过修建一段坡路到达建筑[4]。

图 55 解释了纪念碑的作用：在圆柱体的挡土墙上刺穿的门（右侧为门的具体形态）分别对应三个辐射布局的方形房间。这三个房间中最大的一个位于入口对面，有一个坟墓或一个祭坛。我们在平台顶部还能看到庙宇，庙宇根据伯拉孟特的模型建造而成。底楼由一个柱廊组成，柱廊有 26 个笔直的支撑结构，层级梯阶向后倾斜，光通过矩形窗户照亮内部。圆锥形的屋顶中央敞开，来自祭坛的香火从屋顶徐徐冒出。[5]

达·芬奇的灵感似乎是来自 1507 年卡斯特利纳 – 因基安蒂墓地（Le Tumulus De Montecalvario A Castellina），达·芬奇想象着这是王子或重要主教的陵墓。[6] 显然，这件草图中，达·芬奇唤醒了自己二十多年前 Ms.B 手稿项中某些被摒弃的记忆。

吉安·贾科莫·特里武尔齐奥在 1504 年和 1507 年的遗嘱中，决定将自己的大理石墓葬安置于布罗洛（Brolo）的圣纳扎罗教堂（Église San Nazaro）[7]。显然，真人等大的卢多维科·斯福尔扎骑马雕像给人留下了深刻印象，在科尔特维奇亚附近可以看到其模型。如同多纳泰罗为加塔梅拉塔在帕多瓦制作的雕像，韦罗基奥为巴托洛米奥·科莱奥尼（Bartolomeo Colleoni）在威尼斯建造的雕像，还有圣玛利亚大教堂中乌切洛和卡斯塔尼奥彩绘的纪念碑，

图 55　列奥纳多·达·芬奇，中心布局的墓穴：高地，平面图，丧葬室内具体细节

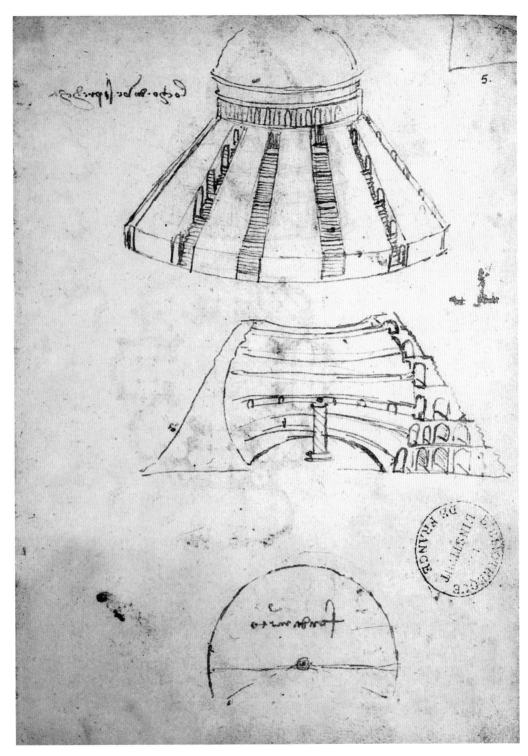

图 56　列奥纳多·达·芬奇，古罗马圆形露天竞技场和宗教建筑

它们都展现了古代艺术的特征。当用于制作卢多维科·斯福尔扎骑马雕像的青铜被送到费拉里（Ferrare）军械库之后，达·芬奇就第二次接到了订单——建造这种类型的雕塑，不是逝世后的纪念像，而是建造墓葬，由赞助人直接委托。骑马雕像在丧葬制度下，已早有先例，并不算新鲜事物，例如在14世纪下半叶，维罗纳的坎格兰德（Cangrande）和玛斯蒂诺二世德拉斯卡拉（Mastino Ⅱ Della Scala）雕像；在1414—1428年间，在那不勒斯圣若望堂（Église San Giovanni A Carbonara）的拉迪斯劳斯·安茹－杜哈陵墓项目（Tombeau De Ladislas D'anjou-Duras）。

1512年底，法军退出意大利，该项目就被搁置了，由于没有资金来购买昂贵的雕塑材料，因此，达·芬奇只制作了模型，雕塑并没有被实际完成。收藏于温莎城堡的两幅草图，其中一幅描绘了各种思路的方案，但是我们却很难分辨其起源[8]（图23、图24）。

图23右侧的草图可能代表矩形平面的纪念碑，由石棺的形状决定。石刻在基座上设有圆柱，圆柱围成拱廊并支撑三角楣（图23），与侧面排列的其他支撑结构相比，十分突出。纪念碑的高处是一座骑马雕像，底座巨大，刻有铭文，两侧是人物坐像。这呼应着米开朗琪罗为尤利乌斯二世墓所做的第一个项目，其建筑环境令人印象深刻[9]。相比其他没有补充建筑抬高的斯福尔扎骑马雕像，该结构在建筑中的作用变得显而易见[10]。

似乎达·芬奇并不钟情于方形形状，而是更倾向于集中式纪念碑。这座纪念碑倾斜度更接近正式标准，在左侧，他设计了一个立方体，该立方体标志着第一、二个凹进的长条装饰之间的强烈对比。从远处看，各部分的层次将加强雕塑视觉上的集中感和渐进感。[11]纪念碑立于高阶之上，这种对比效果就愈发凸显，令人感到强烈的威严感。图下方的小草稿似乎表明只有一个长条装饰，立面凿有小三角楣饰孔洞，

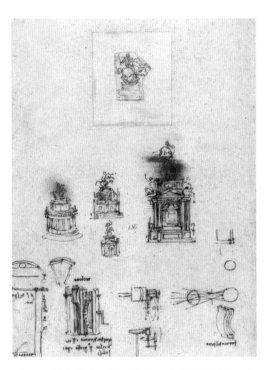

图 23　列奥纳多·达·芬奇，吉安·贾科莫·特里武尔齐奥丧葬纪念碑研究　　　图 24　列奥纳多·达·芬奇，吉安·贾科莫·特里武尔齐奥丧葬纪念碑研究

小三角楣又都在一个大三角楣下分布。在一角处，方尖碑长条装饰的浮雕增强了垂直的视觉冲击力。图左侧的方案则不同，这是达·芬奇再次受到伯拉孟特设计的启发，将巨冢（Tholos）放置在台阶上，末端为三重方孔，与保存于卢浮宫的陵墓的圆形大厅有相似之处，而支撑着骑马雕像的是圆柱形底座[12]（图 23、图 55）。

图 24 右边的草图中，有一个柱上楣构（Entablement），可以在檐壁上面雕刻铭文，左侧檐壁连有拱形。达·芬奇缩小了雕像底座，这也许是为了让建筑与人物之间更加和谐。此后，他设计这种样式的雕塑越来越多，也越来越具有表现力。图左侧的一些细节深受米开朗琪罗为尤利乌斯二世建造的第一个项目的影响[13]。我们从中看到了一个宏伟的金字塔式构图，骑马雕像、阶梯、柱子，以及逐渐延伸到外围的空间[14]。

左侧边缘上的小草图代表着三方系统，中央拱门较高，两侧为较小的拱门——这种系统常应用于祭坛。也许是受到了凯旋门的启发，达·芬奇把巨大的底座置于中央开口处，与本图中的其他两个解决方案相比，缩小了马的尺寸，该纪念碑小巧得难以确定应独立矗立还是倚靠在墙壁上。

在图中，达·芬奇研究了截然不同的方案，尽管难以按时间给它们排序，但我们可以发现达·芬奇的设计理念：建立一个能够为前面建筑提供纪念性背景的建筑雕塑系统，使局部设计与整体的集中式设计保持一致，在结构和人物之间发展出多种多样的辩证关系。

图 23 与图 24 相比较，图 23 的设计仅限于其中一个命题，图 24 的设计可能与后面阶段的设计趋于一致。这种交互打破了纪念碑的界限，尝试了不同的方案后，达·芬奇提出了这一观念上的设想。我们注意到，在此过程中，建筑在结构和意义方面获得了新的价值。

达·芬奇在卢多维科·斯福尔扎雕像和吉安·贾科莫·特里武尔齐奥雕像之间的思考有了明显进展，这些都要归功于第二次文艺复兴时期达·芬奇在罗马的经历。

注释

1. 弗洛梅尔（Frommel）S.2014，第290页至292页〔德语版弗洛梅尔（Frommel）S.2019a，第228页至229页〕。

2. 弗洛梅尔（Frommel）C.L.2014b，第24页至27页〔德语版弗洛梅尔（Frommel）C.L.2016b，第24页至26页〕。同时参见本书中《达·芬奇及其同时代的艺术家》一章。

3. 佩德雷蒂（Pedretti）1978，第122页；希拉德（Hillard）2018，第919页至958页；弗洛梅尔（Frommel）S.2019c，第106页至107页。

4. 弗洛梅尔（Frommel）S.2019c，第84页至85页，第106页。与巴黎设计风格不同，此处横轴方向上仅设有两个坡道。

5. 无法确定圆形建筑和坟墓建筑之间是否具有相关性。

6. 佩德雷蒂（Pedretti）1978，第122页。

7. 海登赖希（Heydenreich）1965；佩德雷蒂（Pedretti）1978，第227页；维加诺（Vigano）2016，第239页至255页；弗洛梅尔（Frommel）S.2019c，第108页至109页。

8. 起初，在图纸上方区域可以看到一座骑马雕像，马身上坐着一位挥舞着指挥棒的骑手（摘自《大西洋古抄本》83v-B [226v]）〔弗洛梅尔（Frommel）S.2019c，第108页〕。

9. 关于尤利乌斯二世坟墓的首个建筑工程，参见米开朗琪罗的绘画Gdsu 608er〔弗洛梅尔（Frommel）C.L.2016b，第24页至25页，第80页〕。

10. 关于斯福尔扎的骑马雕像，参见：佩德雷蒂（Pedretti）1978，第94页至104页。维切（Vecce）2001，第98页至102页，第133页至135页。

11. 应将这种对建筑体积的处理方式与Ms.K图纸上别墅的处理方式相似之处进行比较（巴黎，法兰西学院，F.116v）。参见本书中《住宅：宫殿和别墅》一章。

12. 在1506年至1507年的《大西洋古抄本》F.26v中，某一图纸上方区域可以找到微缩版的类似结构系统，即圆亭形状的教堂。

13. 参见注释2。

14. 右边的图形很有可能是按照相似的方式布局，但是柱体的安置方式仅能依靠草图来推测。

城市重建与理想家园

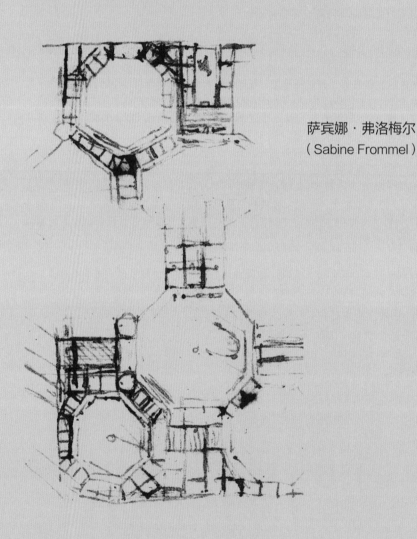

萨宾娜·弗洛梅尔
（Sabine Frommel）

从 15 世纪初就兴起了对理想城市话题的思考，当时很多艺术家和赞助人都参与其中，达·芬奇也贡献了许多令人瞩目的思考成果，除了罕见的例子外，在这一研究中取得的成就通常仅限于特定的、部分的建筑，因为在中世纪不规则构造的城市中很难建造出大量优秀的建筑[1]。贝尔纳多·罗塞利诺作为莱昂·巴蒂斯塔·阿尔伯蒂的继任者，巧妙地将透视规则应用在皮恩扎市未来的改建项目上，该市也是教皇庇护二世的故乡。美第奇家族的领地深深打上了阿尔伯蒂的印记。阿尔伯蒂也因此被称为布鲁内莱斯基的"遗嘱执行者（Exécuteur Testamentaire）"，热衷于将城市修整翻新。[2]当达·芬奇在 1482 年离开佛罗伦萨市前往米兰时，一定受到了某些潜移默化的影响。

在卢多维科·斯福尔扎统治期间，达·芬奇在米兰完成了学业。1512 年，达·芬奇返回佛罗伦萨后，一直跟随美第奇家族。1516—1519 年，达·芬奇曾在法国短暂居留。因此，他的素描草图涉及了 15 世纪末、16 世纪初新城市的形式、功能和象征价值，而且他的研究与众不同。在本章中，我们将力图展示达·芬奇研究的特征，从赞助人策略的角度，将其置于"现代时期到来前夕的"城市变革的大背景之中。

关于新型城市的研究：
空间虚构与论著

　　达·芬奇对古代建筑和艺术所取得的成就非常了解，他们灵活运用了纸、画布、壁面等多种材料[3]。在莱昂·巴蒂斯塔·阿尔伯蒂、安德烈亚·曼特尼亚（Andrea Mantegna）和佩鲁吉诺的作品中，他们根据透视规律、维特鲁威原理以及新建筑类型来布局，[4]尝试将历史背景与理想城市的印象引入宗教场景中。

　　相反的，朱利亚诺·达·桑加洛创作的三幅理想型城市图其实与宗教没有任何联系。其中一幅画作很可能创作于15世纪80年代后期，现保存在柏林，[5]与达·芬奇为卢多维科·斯福尔扎设计的"想象中的城市项目"相吻合。观众可以看到三个维特鲁威式的优雅前庭，就像参与达·芬奇在那不勒斯宫殿项目中的一位建筑师于1488年设计的那样，观众可以体会到港口城市所具有的魅力。桑加洛在地面上使用方形网格来凸显中央区域，该区域由一条笔直而宽阔的街道界定，两旁是宫殿，延伸到海滨。

　　达·芬奇为卢多维科·斯福尔扎制作的图纸表明他非常了解菲拉雷特的《斯福尔津达（Sforzinda）建筑法则》一书。该书撰写于15世纪60年代初，专门为米兰公爵弗朗切斯科一世·斯福尔扎而写。[6]该书中以对话的形式，描述出这样一个理想城市：它宛如星辰，河湖沟渠环绕，每个门、每个塔连接着笔直的街道，街道最终汇聚于城市中心。书中重要的古迹如大教堂、领主官殿、监狱、医院、金融大楼等，其建筑形式都有详细的说明，清晰地描述出了城市的功能与特征：通航的运河（存在于米兰）、不同社会阶层的区域、商业的场所，以及带有废水排放设施的街道等细节，也许卢多维科·斯福尔扎本人也想把这一伟大的理论作为"里程碑"，纳入到他雄心勃勃的政治战略中。

米兰的城市重组项目：
功能和政治策略

　　达·芬奇第一次在米兰停留期间，经历了一场心灵创伤事件：1485—1486年，突如其来的瘟疫使米兰三分之一的人（约50000人）丧命，达·芬奇感到痛心，觉得有必要重新规划人满为患的城市建设，因为人口和经济的不断扩张，在一定程度上助长了瘟疫的传播。达·芬奇在Ms. B手稿的四幅素描图纸中给了这座城市更加精确的概念[7]。在F.37r草图中，上层宫殿被舍弃，通过截面显示了街道的地下室（A）和宫殿地窖（B，C），庭院连接两个楼层的宫殿和坡道，街道向中心倾斜，水流向地下运河，桥梁跨过河流，街道继续向前延伸，与宫殿的门廊相交。在图3中，设计者的关注点主要集中在地下，集中在那些为城市"服务"的基础设施上，包括排污管、下水道、运河，以及货物如何被运送到商店和工业活动的场所。船只将货物运送到位于宫殿后门前的宽敞庭院，庭院内有门廊的细节，达·芬奇将建筑的功能性与艺术性巧妙地结合了起来，高层明亮，视野广阔，为最

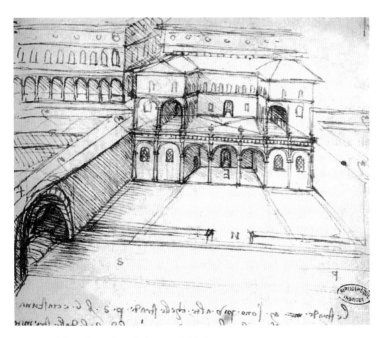

图3　列奥纳多·达·芬奇，二级城市项目

富有的人所拥有。雅致的宫殿、整齐的立面、拱形凉廊以及两侧宽阔的街道，优美的环境吸引着人们前来散步；广场、居民区、花园的环境适合举行会议、聚会、仪式。在这里，禁止动物以及四轮畜力车通行。

三层装饰有长条的立面，"贵族楼层"（Piano Nobile）里敞开的拱廊、屋顶窗，与维杰瓦诺公爵广场非常相似，它由卢多维科·斯福尔扎于1492年建造，广场的设计更好地融入了城市的景观。达·芬奇在注释中标明了建筑物、街道、运河的尺寸和比例，他甚至还标明了某些技术的细节，图中甚至注意到了宫殿的屋顶要平坦且倾斜，目的是不遮挡视野，可以欣赏到城市的景色。为了防止起火，位于一楼的房间设计成了两排窗户。房间的顶棚被隐藏在阁楼地板后面[8]。根据威尼斯建筑体系，地窖通过大开口与运河相连，一条小船如风景画一般经过其中一个拱廊运送货物。拱廊刻有极具15世纪风格的浮雕，在左侧，沿楼梯而下的站台通向宫殿。

《大西洋古抄本》中的一封信（F.84v，Ex.65vb）阐明了当时的社会观念。该观念影响着达·芬奇的思考，同时也使得人们注意到了马基雅维利提出的概念[9]。新城市是公爵权力的体现，这种自我美化、对统治永存愿景的表达，昭示着他的统治野心。建筑设计的基础是为了吸引富有和高贵的居民，并为他们提供相对有利的条件。从中我们不难体会到当时社会的森严等级以及对穷苦者的蔑视："我要像驱散山羊群那样驱散相互叠堆集中的人们，因为他们使所有东西充满恶臭，继而成为瘟疫死亡的种子。"[10]

在1492—1493年期间，达·芬奇设计研究了米兰市的整体规划，该规划以早期"卫星城市"的形式提出了城外扩展理念[11]（图4）。米兰几乎是圆形外围的一部分，宫殿和矮房子用红砖建造而成。图4中，达·芬奇标明了大门和运河。街道和河流的放射状布局形成了一个梯形的额外穆鲁斯（Extra Muros），图中底部是弯曲的，因为它

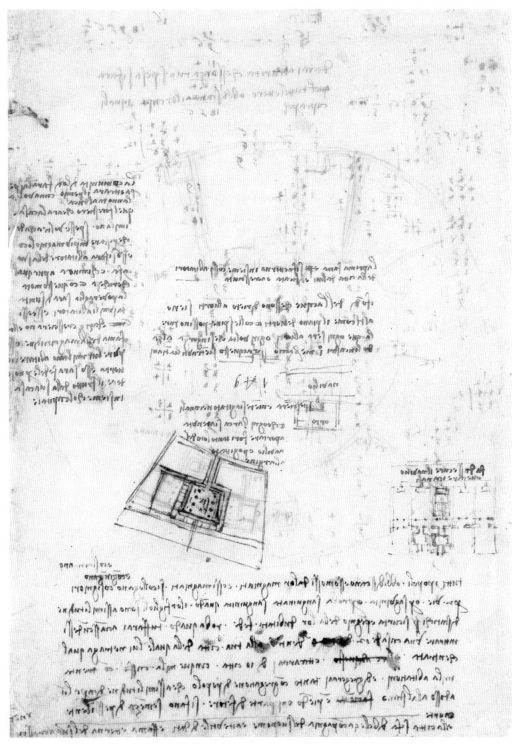

图 4　列奥纳多·达·芬奇，米兰的城市扩张和重建项目

依墙壁而建。在新区的中心是左右对称的集市广场，该图的右侧以较小比例描绘了沿人工运河分布的十个区段，它们连接着其他河流和池塘，确保新地区废物和污水的排放。达·芬奇还建议采用集体承担责任制，以保持城市清洁，不要将废物倒入水中。基础设施的完善、良好的卫生条件和最佳的交通运输等问题的解决，使该项目看起来像一个端庄、精致的城市。

与前文提及的其他"建筑师兼画家"不同，达·芬奇没有利用这些项目将城市还原为古代的样子，也没有使用这种伟大遗产的建筑模型，甚至没有采用维特鲁威标准。达·芬奇对大型建筑物没有兴趣，他仅仅定义了它们的位置和相互作用。

在1508—1510年间，达·芬奇忙于一个新的项目——为查尔斯·昂布瓦斯重新规划米兰[12]。他重启了为卢多维科·伊尔·摩洛所做的项目，似乎说服了他的法国赞助人：水路的改善将有益于环境和贸易，从而有利于城市的繁荣。背面标明了城市边界的四分之三，并准确指示了城门之间的距离（可能是用里程表记录的）以及运河和主要路线的距离。在下面，达·芬奇添加了一张鸟瞰图，我们可以看到大教堂、斯福尔扎古堡、圣洛伦佐大教堂、圣墓广场（La Place San Sepolcro）和提契诺门（Porta Ticinese）。达·芬奇一反常态，将平面图和总视图直接联系到一起，这也体现了他在设计时希望驾驭所有要素的整体愿望。

从美第奇到弗朗索瓦一世
（1512—1519）

1512年，美第奇流亡归来。次年，利奥十世继任教皇。美好的前景激起了达·芬奇新的思考，他试图践行重建佛罗伦萨市的计划。1504年，他研究了纠正佛罗伦萨以西的亚诺河路线的可能性[13]。编号为 Windsor Rl 12681r 系列手稿以示意图的形式描绘了这个新的设计方案。在手稿中，蜿蜒曲折的曲线代表了河流。[14] 城市的外围是十二边形，其城市遵循方形布局框架。此外，达·芬奇也仔细标记了桥梁和门，但该计划中放弃了富有象征性的古迹，这再次表明达·芬奇对单个建筑物不感兴趣。无论如何，达·芬奇似乎利用美第奇家族重新掌权的有利时机提出了自己的城市改造计划，而这个计划在当时类似于认知论中的"白板说"（Tabula Rasa）（尚未接受外界事物影响）。

在同一时期，达·芬奇启动了对圣洛伦佐大教堂的重建设计。图29中的教堂还没有画外墙，达·芬奇笔下的空间甚至可以延伸到利卡索里大街[15]。

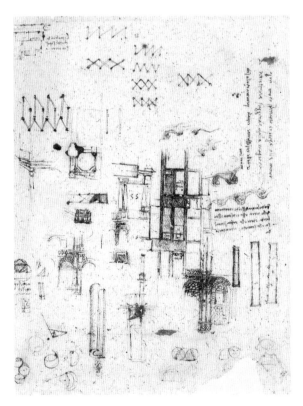

图29　列奥纳多·达·芬奇，佛罗伦萨圣洛伦佐大教堂前的广场重建项目

在拉尔加大街（Via Larga）的拐角处，米开罗佐建造的美第奇宫殿对面，是另一座家族宫殿。图的左上角似乎指明这一建筑改变了弗朗切斯科·迪·乔尔吉奥的理念，它有一个八角形的中央空间和在角落处的其他圆形空间[16]，下面的轴测图显示的是军事方面的用途。达·芬奇当时也可能负责圣洛伦佐大教堂的外墙整修，很快，这一项目成为最重要的竞标主题，保留在威尼斯艺术学院画廊中的手稿可以证明这一点（图54）。[17]

图54 列奥纳多·达·芬奇，带透视的教堂外观

在法国，达·芬奇最后一次思考理想城市这一概念，是在罗莫朗坦项目中[18]。由于索尔德河的渠化，达·芬奇设计的方案是一个放置有双重居所的长形岛屿，有集市、商店、作坊，甚至还有一座教堂（图30）。

达·芬奇甚至想到了这座城市人口的高效率撤离，同时兼具美学功能。这些设计想法使这座新的居住城市变得更加宜人，为了便于拆除和迁移，维尔弗兰切－苏尔－切尔的居民可以建造木制房屋。[19]在该项目中，达·芬奇沉浸在乌托邦式的维度中进行思考。

图30 列奥纳多·达·芬奇，罗莫朗坦城堡以及新城项目

一种不同的方法：
朱利亚诺·达·桑加洛

　　达·芬奇将精力集中在城市重建的设计上，为了给这座城市赋予新的活力，也为了给创建者锦上添花。他专注于基础设施、道路、河流和水力设施等方面的研究，但在这个新城市建筑的形式和美学方面没有着力设计，像罗莫朗坦城堡外观那样精美的设计则是一个例外[20]（图31）。

　　联想到朱利亚诺·达·桑加洛在1509—1512年开始的比萨计划，他的观念与达·芬奇是完全不同的。桑加洛受命为佛罗伦萨设计一座理想的城市，尤其注重的是城市防御工事。在该城市中，他从古罗马建筑的原型和原理对建筑物进行"校正"[21]。达·芬奇受到历史资料的启发，将城市中心设计为两条直街的交汇处。当然，根据阿尔伯

图31　列奥纳多·达·芬奇，罗莫朗坦城堡

蒂在《建筑艺术》中的描述，他自由发挥了想象力，并重建了罗马浴场等[22]。根据几何图案，他规划了城墙附近的土地，就像佛罗伦萨的博尔格平蒂（Borgo Pinti）地区一样，所有宗教建筑均符合布鲁内莱斯基和阿尔伯蒂的理念。强烈的透视得使门廊、河流及其周边建筑物之间仿佛在进行"对话"，使这个理想的城市生机盎然。如果说功能性主宰着达·芬奇的设计，那么，朱利亚诺的雄心壮志旨在恢复古罗马建筑，以及重新思考罗马第一次文艺复兴时期的伟大先驱们所提倡的建筑类型。

朱利亚诺·达·桑加洛在上面引用的两个画作是绘制于柏林城市之后的，即理想城市的真实景象。它们反映了1504年（收藏于乌尔比诺，马尔凯国家美术馆）与利奥十世统治下（收藏于巴尔的摩，沃尔特斯艺术博物馆）城市的明显变化[23]。其显著特征是在正方形前方相交轴处的几何路面增强了中心透视。在乌尔比诺版本中，面向观众的街道由圆形庙宇主导，这是阿尔伯蒂理论中的教堂理想形式。而在巴尔的摩版本中，空间是开放的，宽阔的广场上竖立着凯旋门，左侧是古罗马式的斗兽场，右侧是一座庙宇。这一八角形的设计不同于佛罗伦萨圣若望洗礼堂的模式，隐含的信息——"佛罗伦萨，新罗马"，这两个概念指向了托斯卡纳艺术家[24]。在巴尔的摩版本的画作中，清楚地表达了趋向于统一体的趋势，以及通过调整与观众的距离来更好地体现建筑的体积。各种计划之间戏剧性的联系，体现了组织城市空间的新方法。左边的宫殿展现出的富有节奏的表达，这是罗马第二次文艺复兴时期对凯旋门图案的同化形式，达·芬奇也采用了这种表现手法[25]。

在众多见证中，城市的理想化愿景是基于理论甚至政治概念，达·芬奇的设计和提议都有着惊人的连续性和计划性，这也是他的个人风格之一，不幸的是，这些想法并没有被实施（图3、图4、图29、30图）。

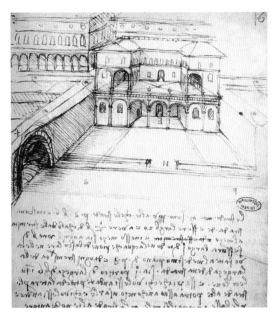

图 3　列奥纳多·达·芬奇，二级城市项目

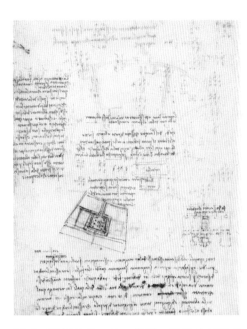

图 4　列奥纳多·达·芬奇，米兰的城市扩张和重建项目

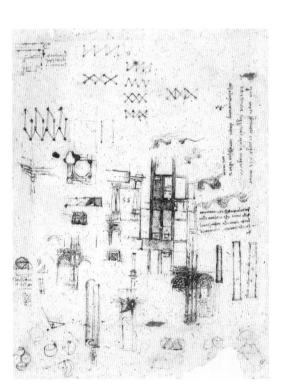

图 29　列奥纳多·达·芬奇，佛罗伦萨圣洛伦佐大教堂前的广场重建项目

图 30　列奥纳多·达·芬奇，罗莫朗坦城堡以及新城项目

注释

1. 在此可以参考由帕拉维奇尼（Pallavicini）在 1479 年建造的科尔特马焦雷（Cortemaggiore）大教堂的基底结构，或在一定程度上也可以参考费拉拉公爵（Hercule D'Este）城市扩建的棋盘平面布局。这些结构创新通常与改善防御工事有关。
2. 回顾斯特罗兹宫（Palais Strozzi）建设期间进行的城市重建工程。参见弗洛梅尔（Frommel）S.2014，第 138 页〔德语版弗洛梅尔（Frommel）S.2019a，第 138 页〕。
3. 参见建筑图（Architectura Picta）2016。
4. 例如，阿尔伯蒂于 1455 年至 1460 年的作品《治愈》（卢浮宫收藏）；1456 年至 1457 年为奥维塔里教堂（La Chapelle Ovetari）创作的作品《圣克里斯托弗的殉道（Le Martyre De Saint Christophe）》；1481 年至 1482 年，在佩鲁吉诺（Perugino）为西斯廷教堂创作的《钥匙交付（La Remise Des Clefs）》，弗洛梅尔（Frommel）C.L. 2016a，第 78 页至 81 页。
5. 柏林，国家博物馆，普鲁士文化遗产，图片集，Cat.N.178c，124cm×234cm，木制蛋彩画。这一作品出现在丰富的科学文献中：具体内容请参见桑塔帕欧乐斯（Sanpaolesi）1949，第 322 页至 337 页；里纳西门托（Rinascimento）1994，Cat.178，第 539 页至 540 页；克劳特海默（Krautheimer）1994，第 233 页至 257 页；弗洛梅尔（Frommel）C.L. 2006a，第 340 页至 346 页；弗洛梅尔（Frommel）S.2014，第 164 页至 165 页〔德语版弗洛梅尔（Frommel）S. 2019a〕。
6. 菲拉雷特（Filarete）1972；斯科菲尔德（Schofield）2015，第 325 页。
7. 佩德雷蒂（Pedretti）1995，第 55 页至 57 页；库鲁夫特（Kruft）1986，第 65 页至 66 页；费尔波（Firpo）1987，第 294 页至 300 页；吉罗姆（Guillaume）1987，第 257 页至 258 页；斯科菲尔德（Schofield）2015，第 327 页至 330 页；弗洛梅尔（Frommel）S.2019c，第 48 页至 53 页。
8. 在昂布瓦斯（Amboise）别墅项目的图纸上也有类似的细节，《大西洋古抄本》F. 271v-A [732b-V]及 231[629b-R]。参见本书中《住宅：宫殿和别墅》一章。
9. 维切（Vecce）2001，第 82 页至 83 页。
10. "……这使众多的人感到耻辱，他们彼此推搡，就像受惊的羊群一样，成为加速死亡进程的因素。"《大西洋古抄本》65v-B；费尔波（Firpo）1987，第 292 页。
11. 佩德雷蒂（Pedretti）1995，第 57 页至 64 页；费尔波（Firpo）1987，第 290 页至 294 页；吉罗姆（Guillaume）1987，第 258 页至 259 页；列奥纳多·达·芬奇 2015，Cat.Viii.8，第 566 页；R. 斯科菲尔德（Schofield）；弗洛梅尔（Frommel）S.2019c，第 62 页至 63 页。
12. 费尔波（Firpo）1987，第 283 页至 290 页；列奥纳多·达·芬奇 2015，Cat. Viii.8，第 566 页〔R. 斯科菲尔德（Schofield）〕；弗洛梅尔（Frommel）S.2019c，第 62 页至 63 页。
13. 温莎城堡，皇家图书馆，Rl 12678〔维切（Vecce）2001，第 198 页至 199 页〕。
14. 费尔波（Firpo）1987，第 283 页至 290 页；弗洛梅尔（Frommel）S.2019c，第 62 页至 63 页。
15. 这一工程干预很有可能导致圣乔万尼诺（San Giovannino）教堂的毁坏，这违背了在新广场上的重修计划。〔佩德雷蒂（Pedretti）1995，第 250 页至 251 页；吉罗姆（Guillaume）1987，第 271 页至第 275 页；萨辛格（Satzinger）2011 年，第 17 页至 18 页〕。
16. 这一平面布局设计是弗朗切斯科·迪·乔尔吉奥（Francesco Di Giorgio）理想建筑结构的一个变体，参见本书中《住宅：宫殿与别墅》一章。
17. 参见本书中乔恩·吉罗姆（Jean Guillaume）的章节。
18. 参见本书中《达·芬奇在法国》一章。
19. 阿伦德尔（Arundel）手稿，F.270v，佩德雷蒂（Pedretti）1972，第 93 页至 94 页。

20. 弗洛梅尔（Frommel）S.2019c，第 117 页至 118 页，参见本书中《达·芬奇在法国》一章。

21. 圣图奇（Santucci）2017，第 267 页至 268 页。

22. 同上，第 268 页至 271 页。

23. 乌尔比诺（Urbino），马尔凯国家美术馆（Galleria Nazionale Delle Marche），67.5cm×239.5cm；沃尔特斯美术馆（Baltimore Walters Art Gallery），77.4cm×220cm。弗洛梅尔（Frommel）S.2014，第 166 页至 169 页〔德语版弗洛梅尔（Frommel）S.2019a〕。文献参见注释 5。

24. 这一想法与在 1480 年代乌戈里诺·维利诺（Ugolino Verino）对国家庆祝活动的策划思路有共鸣之处。佛罗伦萨洗礼堂在佛罗伦萨人眼里等同神庙。

25. 左方宫殿的立面跨度结构体现了建筑的节奏感，这与古罗马凯旋门结构相似，这一结构可以追溯到第二次文艺复兴时期，且与达·芬奇设计的建筑结构相似，参见《大西洋古抄本》F.144r-B[316r]。该图案于 1489 年首次出现在红衣主教里亚里奥（Riario）的教宫（总理府）中，并在 1503 年后由伯拉孟特在梵蒂冈宫的观景中庭（La Cour Du BelvédÈre）建造中得到了进一步发展。

防御工事建筑

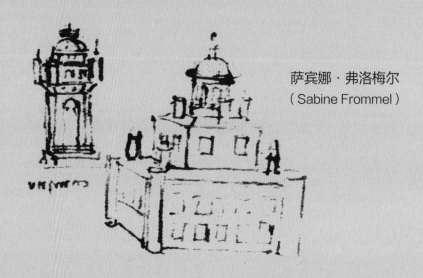

萨宾娜·弗洛梅尔
（Sabine Frommel）

达·芬奇在旅居米兰之初，曾致信卢多维科·斯福尔扎，信中表明卢多维科·斯福尔扎非常重视如何捍卫其领土及开拓新疆域。[1] 从手稿 B 中可以看出，达·芬奇关注军事组织、防御和突击的研究，内容包括细节描述的整体平面图及建筑各区域的具体布局。达·芬奇对工事结构的最初了解可以追溯到他在佛罗伦萨的学徒时代[2]，在那里他跟随弗朗切斯科·迪·乔尔吉奥学习。弗朗切斯科是达·芬奇一生中所遇见的最有能力的导师之一，其学派也同样具有非凡的影响力。达·芬奇的主要理论参考是莱昂·巴蒂斯塔·阿尔伯蒂的《建筑艺术》及弗朗切斯科·迪·乔尔吉奥的古籍注释论著。达·芬奇接触弗朗切斯科论著的机缘，始于 1490 年他们在米兰或帕维亚的见面。[3]

达·芬奇对防御工事建筑设计的思考恰逢战术和武器快速发展的时期，受这一历史背景影响，堡垒等防御建筑的形态发生了巨大的变化。火炮的使用使查理八世在 1494 年战果丰硕，同时也证明当时的防御性系统已经不再适用于中世纪晚期的半岛：应该缩小火炮口径，以便于运输及大规模使用；使用金属制炮弹则可以提高射击效率[4]。在法军撤离后，亚历山大六世和尤利乌斯二世，采用了以下对建筑形态产生了重大影响的技术革新：使用改进后的堡垒、塔、围墙、幕墙、深沟及炮台[5]。这一建筑形态演变过程始于 1477 年科斯塔恰罗的半月形城堡，建筑师弗朗切斯科·迪·乔尔吉奥设计的提高建筑防御功能的模型产生了重大影响，如在建筑设计中使用分散、尖锐及凹凸的形状，这样可以减少防御盲点，大大提高建筑体对轰炸的抵抗能力。

达·芬奇的设计注重建筑工事周围的考察，探明自然资源并从战略角度对其利用，如修整水道，就要确保堡垒的食物供应并对周边的地势进行修整。但在军事建筑作品中，达·芬奇并未采用当时的最新技术，如锐角堡垒。在武器认知方面，达·芬奇的经验其实也有限[6]。因此，他的军事建筑设计通常体现出高度的混合性——将传统建筑风格和最新建筑趋势融合在一起，甚至某些作品是乌托邦式的。另外，达·芬奇的设计方案肯定也令当时的赞助人感到惊讶，他在设计时把建筑当成生物体，通过诸如曲道和楼梯这样的结构将不同功能区域完美连接，使建筑整体连贯、和谐。

为了减弱炮弹对建筑的破坏力，达·芬奇还曾经对火炮的机械原理深入研究，特别是炮弹的发射原理、流程、轨迹和冲击力。因此，达·芬奇建议把建筑表面设计成倾斜或凸出状，还可以用稻草和泥浆覆盖墙壁表面以分散炮弹的冲击力。由此我们不难发现，与米兰大教堂的穹顶设计一样，达·芬奇在设计建筑模型时如同医生诊断一样，对症下药。[7]

达·芬奇绘制的防御工事建筑图纸

达·芬奇的绘画中，很多建筑的风格都同时兼具了传统与现代特征，因此，很难确定其设计风格的演变历程。我们在这里不对其所有作品进行整体性总结，而是集中对几张图纸进行分析，这些图纸同时也体现了他吸收掌握新趋势的能力和其风格的多元性。

图5是达·芬奇在卢多维科·斯福尔扎时期最重要的图纸之一。它目前保存在卢浮宫（绘图柜，瓦拉迪收藏系列），时间可追溯到1487—1490年，图中绘有矩形堡垒，并设有用圆形塔进行加固的围墙[8]。前方是一个巨大的高达130米的塔状建筑物，与下方尖锐的堡垒相连，图纸左上方对这一建筑结构进行了详细注解。高塔耸立在正方形

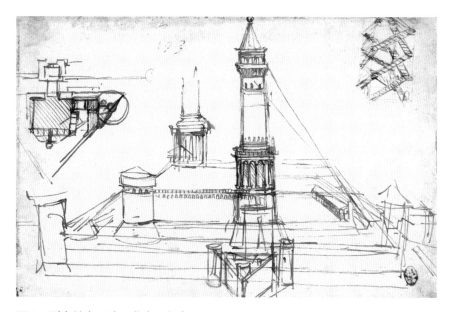

图5　列奥纳多·达·芬奇，堡垒

的基座上，圆柱体塔身顶部为圆锥形[9]。尽管我们无法知晓这一建筑的功能，也不知道它是否用于斯福尔扎城堡，但该图体现了米兰公爵的标志性建筑语言，以及达·芬奇渴望使用标志性甚至是乌托邦式建筑语言表达设计风格的意愿。[10]菲拉雷特在15世纪60年代初撰写的《斯福尔津达建筑法则》，对达·芬奇钟情于这一建筑风格加以描述，达·芬奇致力于为这一年轻王朝创造出具有说服力的建筑模型[11]。

当达·芬奇在绘制这幅素描图纸时，巴乔·庞特利（Baccio Pontelli）和朱利亚诺·达·桑加洛等艺术家，正忙碌于军事建筑的建造。1486年，第一座军事建筑建成，此建筑是为红衣主教朱利安诺·德拉·罗韦雷而建造的奥斯提亚堡垒（Rocca D'Ostie），也就是未来的教皇尤利乌斯二世，建造地点靠近台伯河[12]。参照朱利亚诺·达·桑加洛的建筑法则，此堡垒同样具有监测海上情况的有利条件[13]。三角形平面上配有两座巨大角塔及一座多边形堡垒，一条长廊贯穿遮蔽掩体。同年，在波焦的理想防御工事由洛伦佐·德·美第奇委托朱利亚诺·达·桑加洛建造，但并未真正完成，该设计是带有堡垒的五边形平面模型，这与弗朗切斯科·迪·乔尔吉奥提出的圆形平面模型相反。[14]达·芬奇继承了弗朗切斯科·迪·乔尔吉奥以人为本的设计理念，使用更接近洛伦佐·德·美第奇新柏拉图式思想的、兼具朴素性与实用性的建筑模型[15]。

图20是达·芬奇为切萨雷·波吉亚工作时期的手稿，手稿中包含了一个方形堡垒的多角度视图，这一建筑让人联想到收藏于温莎城堡的伊莫拉城堡草图[16]。达·芬奇从多个角度研究建筑平面布局，全面定义和设计了城堡的各个组成部分及运作方式。我们在此将试图还原其设计思路。根据手稿左下方的平面图，带有角楼和沟渠的内部围护结构被外部结构所包围，且内部围护结构和外部结构类似。如果说这种设计源于中世纪传统建筑，那么位于外部角楼处的独立建筑体的

图20　列奥纳多·达·芬奇，皮翁比诺堡垒项目

设计灵感则来自于弗朗切斯科·迪·乔尔吉奥的最新设计理念[17]。此外，设计中还包含另一个规模更大的附加沟渠，与其他供排水渠道相连接。图纸右方有一幅速写的概括性鸟瞰图，在鸟瞰图上方的另一幅草图中，标明了炮弹的运动曲线，该曲线表现的是炮弹越过轮廓凸起的外墙。在鸟瞰图上方，有一幅与上述草图相邻的另一草图，达·芬奇增大绘图比例，对结构细节进行了描述。在图纸右下侧透视图中我们可以看到带发射间的内围结构及炮弹的运动轨迹曲线。在右上角的图示中，我们可以观察到建筑整体是按照金字塔形和阶梯式方式设计的，这是为了提高防御建筑的效率[18]。其他草图显示了达·芬奇对塔楼顶部形状与建筑抵抗冲击能力的研究。在同一张图纸上，达·芬奇同时绘制了方形和菱形城堡的小型平面图，每个城堡的四端中的两端上设有塔楼,这一设计是遵循锡耶纳建筑理论家的强烈建议而提出的布局结构，因为其对侧翼防护十分有利。

　　令人感到惊讶的是，达·芬奇的工事建筑设计通常被限制在圆形塔楼的使用上，然而这一结构在当时已经被逐渐遗弃，达·芬奇在其设计中往往避免棱堡的使用。[19] 在切萨雷·波吉亚聘用达·芬奇前也必然注意到了他的这一设计风格。老安东尼奥·达·桑加洛从 1499 年开始为瓦伦蒂诺瓦公爵重建奇维塔卡斯泰拉纳城堡（La Roca De Civita Castellana）。工程中，老安东尼奥·达·桑加洛使用了弗朗切斯科·迪·乔尔吉奥的设计理念，借助尖拱形或五边形的堡垒确保了大道和幕墙结构之间的有效过渡以及两侧炮眼布局的完整侧翼[20]。这些改善军事功能的建筑方案在 1501—1503 年被用于内图诺堡垒（Forteresse De Nettuno）的建造中，这一堡垒同样是在切萨雷·波吉亚要求下建造的[21]。

达·芬奇为切萨雷·波吉亚工作时期最杰出的作品，肯定要属编号为 F.41v-A[116r] 的手稿（图 19）。

图 19 中展现的是堡垒一半结构的鸟瞰图，这个堡垒采用双围城系统，其轮廓为多边形阶梯式结构，庞大的建筑入口处体现了乌托邦式风格[22]。建筑内部明显倾斜的墙壁环绕中央广场并构成了建筑主体轮廓，表现出一种交错感。面向外部沟渠的墙面，也就是逃生通道，它的表面覆有稻草和泥浆混合物，以便分散炮弹的冲击力。在其下方的剖面透视图中，沟渠被高出水面的炮台所占据，这一结构可用于保卫幕墙下部。与发射间同一高度的悬垂平台上有凸出的轮廓设计，其目的是迷惑敌方，使敌人弄不清火炮的攻击点[23]。在与切萨雷·波吉亚交流的过程中，达·芬奇可能提出了不同的更加先进的建议方案，但事实上，切萨雷·波吉亚支持达·芬奇使用的是略为过时的设计来修建这一庞大建筑，我们也很难想象这是为什么。

1503—1504 年，达·芬奇为雅可波四世·阿皮亚尼绘制了一些皮翁比诺堡垒的素描图纸，皮翁比诺堡垒地处被切萨雷·波吉亚短暂占领后归还的土地。图纸中展现了达·芬奇丰富的建筑构思。根据马

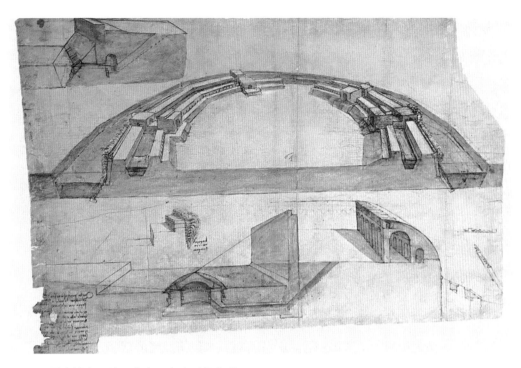

图 19　列奥纳多·达·芬奇，多边形堡垒项目

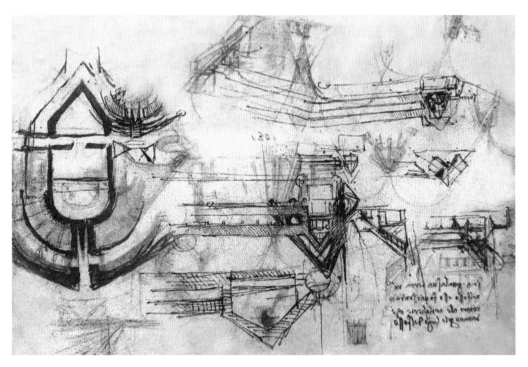

图 21　列奥纳多·达·芬奇，皮翁比诺堡垒项目的棱堡项目

德里 II 号手稿（Codex Madrid II）（F.122r）中的注释，达·芬奇与该领域最著名的大师之一老安东尼奥·达·桑加洛合作，这一合作无疑对达·芬奇的建筑思想产生了影响。达·芬奇还提出过轮廓错落的四角形堡垒设计方案（Cod.Atl，F.43r-B [121r]）[24]，该堡垒配备三条沟渠及独立的塔楼，采用了当时最新的设计风格：一个镶嵌在正方形中的八边形建筑，其拐角处为交替布局的有凸起轮廓的圆形塔及堡垒。在一幅较小比例的鸟瞰图中，可见一座四周环水的城堡建筑，其中有两处形状尖锐的大道按轴线定向分布，两个圆形堡垒，设有迷宫般的路径，用于在有人侵入时迷惑敌人[25]。其他有关皮翁比诺堡垒的图纸中展示了尖形堡垒的建筑方案，这间接体现了达·芬奇对最新建筑技术发展的认知（图 21）[26]。

图 21 中黑色和灰色墨迹揭示了达·芬奇对寻求建筑几何形状和军事用途之间关联的好奇心。这些设计思路绘于 Ms. 马德里 3986.37r 文件编号为 Cod.Atl（F.767r）的图纸中，很好地展现了筑有棱堡的具有连续性结构的建筑平面示意图[27]。

这两种设计思路共同构成了星形平面图，其图形状可以通过凸角形石制塔楼下部的防御工事结构来解释。在图纸的透视草图中，四角形堡垒旁绘有同样类型的塔楼[28]。这一建筑形式与弗朗切斯科·迪·乔尔吉奥的模型相呼应，这也再次证明了弗朗切斯科·迪·乔尔吉奥对达·芬奇在建筑设计构思上的巨大影响[29]。

约 1507—1510 年，当达·芬奇在设计查尔斯·昂布瓦斯别墅时，他再次考虑使用将圆形塔和道路相结合的设计风格。该城堡为方形，内部结构通过圆形塔楼进行强化，倾斜墙上同样布有塔楼（Cod. Atl，41v-B [117v]），并绘有炮眼位置[30]。对于尖塔形的棱堡倚靠堡垒，在鸟瞰图上方的素描中，城堡环周也渲染了中世纪传统建筑风格。在这一建筑设计中，达·芬奇偏爱阿拉弗朗兹式的风格（Alla

Franzese），他在设计中吸收当时的建筑元素，并在图纸的注释中表明圆柱和凸面结构不能使建筑物具备足够的承受攻击的抵抗力[31]。显然，这是达·芬奇在向其赞助人证明其设计的模型处于当时建筑领域技术的最前沿。

图21绘制于朱利亚诺·达·桑加洛的Gdsu 7950手稿之前，[32]达·芬奇与桑加洛的合作，使得桑加洛丰富的设计经验在这幅图纸中得到了展现：堡垒顶部、突出部分及入口处均为曲线形；建筑位置相对较低；斯皮纳桥（Pont De La Spina）可以有效防御阿诺河对岸的攻击。[33]

在达·芬奇的建筑创作中，弗朗切斯科·迪·乔尔吉奥对他的影响至少延续到1504年，而关于佛罗伦萨建筑风格，以巴乔·庞特利和桑加洛兄弟对他的影响最为深远[34]。在图5、图19、图20、图21中，达·芬奇的设计思路与朱利亚诺·达·桑加洛的圣塞波尔克罗堡垒的创作相似。

达·芬奇的草图描绘了其设计的过程，并展现了其多样化的设计思路，这也是他不同于其他建筑师之处，绘图风格的差异性也体现了不同建筑师在艺术研究方面的造诣深浅。达·芬奇不直接套用已存在的建筑模型，而是通过激发其想象力创造出的模型。在堡垒建筑中，达·芬奇将攻击角度参数及军事技术方面的研究纳入建筑设计的范畴，从而加强了建筑的抗击能力[35]。

然而，达·芬奇并非意大利15世纪末至16世纪初最杰出的军事建筑设计师，这可能是因为对达·芬奇作品的评价仅仅是从建筑地形的认知、周边自然资源的考察、传统与当代先进技术之间的综合运用的能力等层面进行评估，并没有考虑到它是严格按照建筑和武器方面的先进性而设计的模型。

注释

1. 参见本书中《达·芬奇与其赞助人》一章。
2. 兰贝里尼（Lamberini）2008，第 222 页至 227 页。
3. 菲奥雷（Fiore）2017c，第 90 页。
4. 菲奥雷（Fiore）2017c，第 97 页。
5. 菲奥雷（Fiore）2017e，第 57 页至 71 页，图 21—26。
6. 德·克鲁伊·香奈尔（De Crouy Channel）处于筹备之中。
7. 参见本书中《达·芬奇及其同时代的艺术家》一章。
8. 马拉尼（Marani）1984，第 130 页至 131 页；弗洛梅尔（Frommel）S.2019c，第 166 页至 167 页。
9. 根据达·芬奇手写注释，他在这一结构右侧添加了可通过墙面分隔开来的独立坡道的锯齿形楼梯，这主要是出于安全考虑。
10. 马拉尼（Marani）1984，第 130 页至 131 页。
11. 菲拉雷特（Filarete）1972 的研究成果。
12. 菲奥雷（Fiore）2017d，第 103 页至 104 页。
13. 庞特利（Pontelli）曾居住在乌尔比诺（Urbino），也正是在乌尔比诺以及塞尼加利亚（Senigallia）要塞，他与弗朗切斯科·迪·乔尔吉奥（Francesco Di Giorgio）相识〔菲奥雷（Fiore）2017d，第 103 页〕。
14. 1488 年，弗朗切斯科·迪·乔尔吉奥拒绝放弃使用传统技术，带来了传统方法与创新技术的相互碰撞，针对萨尔扎纳（Sarzana）的重建方案，朱利亚诺·达·桑加洛（Giuliano Da Sangallo）与其兄弟安东尼奥（Antonio）提出了更加有效的新型结构〔兰贝里尼（Lamberini）2008，第 223 页至 224 页〕。
15. 兰贝里尼（Lamberini）2008，第 226 页至 227 页；塔代伊（Taddei）2008，第 234 页，第 239 页到至 241 页。
16. 佩德雷蒂（Pedretti）1972，第 39 页至 40 页；弗洛梅尔（Frommel）S.2019c，第 168 页至 169 页。
17. 菲奥雷（Fiore）2017c，第 90 页。
18. 可以推断这些塔楼中有一塔楼顶层（左上）的拱廊是用稻草和泥土覆盖的，如旁边的草图所示。
19. 例如伯拉孟特（Bramante）设计的奇维塔韦基亚（Civitavecchia）堡垒就充分地证明了圆形塔结构在十六世纪建筑设计中仍然很重要。
20. 菲奥雷（Fiore）2017d，第 104 页。
21. 菲奥雷（Fiore）2017b，第 115 页。
22. 佩德雷蒂（Pedretti）1972，第 300 页；佩德雷蒂（Pedretti）1978，第 158 页至 159 页；弗洛梅尔（Frommel）S.2019c，第 170 页至 171 页。
23. 位于图纸上方的草图研究了保护沟渠的其他解决方案。
24. 佩德雷蒂（Pedretti）1972，第 39 页；佩德雷蒂（Pedretti）1978，第 187 页；菲奥雷（Fiore）2017c，第 92 页至 94 页；弗洛梅尔（Frommel）S.2019c，第 172 页至 173 页。
25. 弗朗切斯科·迪·乔尔吉奥（Francesco Di Giorgio）认为圆形结构不适用于体积庞大的建筑平面，因为无法使用位于侧翼的火力保护建筑结构（菲奥雷 2017c，第 88 页）。
26. 佩德雷蒂（Pedretti）1978，第 182 页至 184 页。
27. 菲奥雷（Fiore）2017c，第 93 页，图 50。

28. 佩德雷蒂（Pedretti）1978，第 178 页。

29. 距离沙特勒罗（Chatellerault）不远的蒙特霍龙塔（La Tour De Monthoiron）采用了相似的平面布局，这一建筑的设计可能参考了达·芬奇的建议。参见费萨布雷（Fissabre），威尔逊（Wilson）2018，第 65 页至 82 页。

30. 佩德雷蒂（Pedretti）1978；马拉尼（Marani）1984，第 252 页至 255 页；达·芬奇三维（Leonardo Dreidimensional）2006，第 126 页至 130 页；弗洛梅尔（Frommel）S.2019c，第 176 页至 177 页。

31. 关于法国要塞堡垒的发展历史，参见福舍尔（Faucherre）2008，第 157 页至 162 页。

32. 工程在 1509 年至 1512 年进行的。比萨的平面图证明了朱利亚诺（Giuliano）对伊莫拉（Imola）的了解（温莎城堡，皇家图书馆，编号 12284），达·芬奇的绘图杰作。

33. 菲奥雷（Fiore）2017a，第 139 页。

34. 参见马拉尼（Marani）1984，第 250 页，编号 8。

35. 塔代伊（Taddei）2008，第 236 页。

住宅：宫殿与别墅

萨宾娜·弗洛梅尔
（Sabine Frommel）

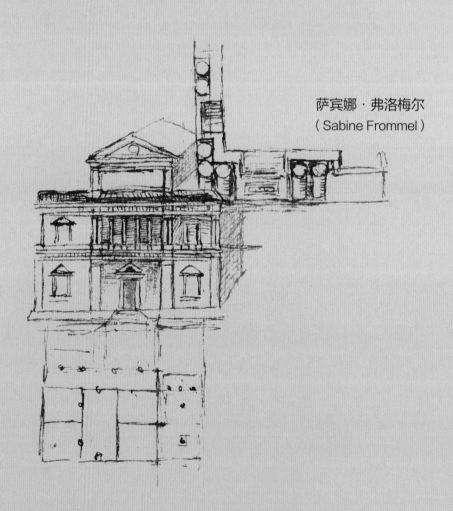

在达·芬奇生活的时代，宫殿和别墅的建筑风格发生了巨大的转变：由具有军事属性的建筑转变为住宅建筑，由不规则形态逐渐转变为对称结构，整体布局越发呈现出规律性，门窗开口也越来越宽敞。建筑商受到人文主义影响，希望在设计中体现出宗教建筑特有的历史性美感：平衡、帕拉第奥母题式立面或三角楣饰柱廊冠。这一时期，乡间别墅建筑开始注重朝向的选择，以方便欣赏瑰丽的花园和自然景观，而宫殿转型成为日常住所，创造出具有立体透视视角的场景。在这些建筑风格转变的过程中，维特鲁威的建筑标准和阿尔伯蒂的《建筑艺术》都起到了关键性的引导作用。如果说达·芬奇充分参与了这一建筑风格的转变，那么，他通常是将传统的建筑语言与创新元素巧妙地融合在一起，那一张张素描草图很好地揭示了他独到的视角：设计住所时，视其为微生物，微生物是大型生物体不可或缺的一部分，它们呈现出动态和渗透式的运动，与周围环境相互作用，是兼备了实用、技术和美学于一体的设计艺术。因此，托斯卡纳的艺术家们将目光聚集在别墅设计上，也赢得了阿尔伯蒂的欣赏，别墅设计相比城市住宅在力学和建筑方面更具有灵活性。[1] 从图纸来看，别墅设计与圆形或多边形教堂建筑设计不同，托斯卡纳艺术家们的别墅设计图纸很少涉及建筑表面，特别是主立面的设计。

为了更好地了解达·芬奇在这一领域的贡献，我们有必要将特定项目和特定地点相关的图纸区分开来进行分析和讨论。乡间别墅设计，其历史可追溯至 15 世纪末或 16 世纪初：1506—1508 年，米兰附近的查尔斯·昂布瓦斯别墅项目；1513 年初，阿达河岸梅尔齐别墅的重建项目；1516—1517 年，建造于罗莫朗坦的弗朗索瓦一世城堡项目。这些都体现了达·芬奇对别墅设计所表现出的浓厚兴趣。《达·芬奇在法国》一章中将对弗朗索瓦一世城堡项目进行单独介绍。

对应具体地点及项目的设计图

在达·芬奇与建筑商的信件和当面交流的过程中，设计的轮廓也逐渐清晰起来，这彰显了达·芬奇对建筑功能性的强调。在一定程度上，达·芬奇也会将地形因素考虑到设计方案中。从这些图纸中我们可以洞悉达·芬奇设计的严谨性。这些对应不同建筑时期及建筑条件的设计草图配有对建筑功能的深入分析，设计精准，绘图风格多样。在乡间别墅以及查尔斯·昂布瓦斯别墅这两个建筑项目中，达·芬奇的分析研究主要依据平面图进行。而梅尔齐别墅项目主要参考的是根据透视法绘制的立视图残卷，这些残存草图对建筑体的表现颇具达·芬奇独特的绘图风格。草图的残缺使得我们现今分析达·芬奇素描草图的系统性对比以及它们的类型风格演变显得非常困难，但不排除能挖掘出达·芬奇的设计概念成型过程中某些阶段的可能性。

乡间住宅

图 57、58 是研究第一次文艺复兴时期建筑商和建筑师之间交流的重要文件。[2]

图 57 上方，房主注明了他对住宅的要求：厨房、餐厅、一间长度约 14 米（24 臂长）的房间、工作间、多功能的生活房间、用人房、庭院、一个可容纳 16 匹马的马厩。在听取房主的要求后，达·芬奇详细地将房主的要求备注在素描图纸中。所有线索都表明，房主对未来的家有着非常清晰的设计思路，而且房主具有可以介入建筑设计过程的能力。图纸右侧，似乎是正方形或矩形庭院的第一阶段草图（也有可能是第一个阶段围墙和庭院草图的延续部分），庭院四侧由柱廊环绕。图下方是房

主现居的住宅图纸，此图是达·芬奇在设计时的重要参考。

图 58 是图 57 的背面图，是基于达·芬奇对该建筑的功能性进行深度研究以后绘制的。图纸中间部分上方的平面图显示方形庭院设有柱廊，房主的房间位于左侧，靠近厨房、工具库及木料库，而房主夫人的房间位于右侧，紧邻着马厩，左右两侧由位于主立面的长廊相连。出于安全原因，达·芬奇提议在房屋后侧建一个含多个喷泉的花园，并通过凉廊与各个房间相连。图纸左侧的平面图标明了达·芬奇设计构思的全新阶段，即从乡间别墅前方正方形空地向各侧延伸的小道或水渠。达·芬奇通过数字标注这些空间的不同用途：主房、卧室、厨房、仓库、后室（与前室相对而言）、用人房。在其中一条注释中，达·芬奇再次强调在房屋设计中应注意保持用人用餐地点与房主生活空间范围的距离，以避免房主受到噪音干扰。虽然图纸中的其他注释也提及对房主夫人房间的设计应采用与房主房间相同的设计逻辑，但构图明显显示房主夫人的房间面积相对较小。

图纸下方绘有四种设计方案，各方案之间的差异主要在于房主房间左侧各室布局以及其日常功能的设计。事实上，达·芬奇与雇主在对乡间别墅构思时也进行了实地考察。他们重点分析了已有各功能区间的关系：房主生活空间、用人生活空间、堆放木料的小院、靠外墙而建的鸡舍和肥料堆。[3] 我们能看到达·芬奇在图纸左侧中间位置用较大字体标注了他对房主人用餐情况的考虑：厨房位于房主间及用餐室之间，因此，用人可以使用转盘向两处提供用餐服务。图纸右侧的另一草图也延续了这一思路，图中厨房和用餐室的位置与房主间及卧室平行，既保留了后室，也使庭院得以延伸。

达·芬奇在注释中提议给房主夫人建造独立使用的房间、卧室，及她自己的用人房等相应附属房间。我们今天来看，其实不论当时的雇主采用了哪套方案，抑或是所有方案都未被采用，这些草图都充分体现了

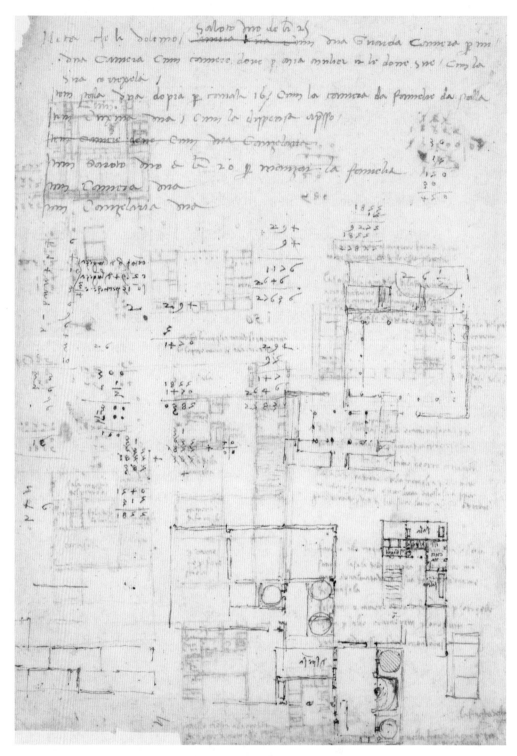

图 57　列奥纳多·达·芬奇，为土地主人设计的住宅项目

118

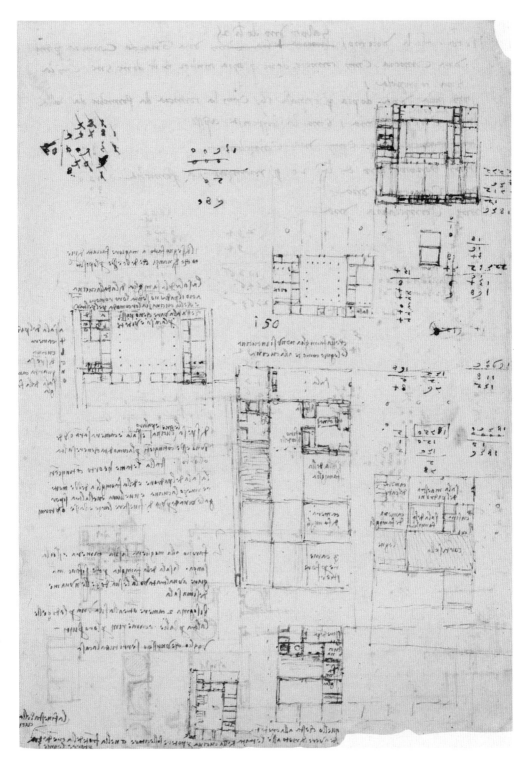

图 58 列奥纳多·达·芬奇，为土地主人设计的住宅项目

119

达·芬奇在设计中寻求建筑审美与日常需求之间的平衡。

可惜的是，我们没能找到任何有关这一乡间别墅所在地地形的参考资料，图纸中不存在外部楼梯，也没有建筑表面的相应结构，因此，该别墅应该是建在平地上。用餐室预留尺寸约 14 米（24 臂长），基于这一标准推算，房屋主立面宽约 123 米，侧面宽约 77 米，庭院边长约 56 米，各柱间隔约 9 米。但是，这一尺寸显然不符合实际，因此，我们推测房主应该是在随后提供了其他尺寸标准对该设计进行校正。

截至目前，这件设计草图普遍被认为是马里奥·吉斯卡迪（Mariolo Guiscardi）的住所，马里奥·吉斯卡迪是斯福尔扎王室的官员，他的别墅位于米兰韦尔切利纳城门（Porta Vercellina）附近，达·芬奇也曾从卢多维科公爵[4]那里获赠此处土地。然而，根据这间别墅的设计方案以及马里奥·吉斯卡迪的身份，我们认为这件草图中的别墅很难匹配这位富有官员的豪宅设计概念。基于以上考虑，我们认为草图中别墅的主人或为某位乡绅，地点有可能在威尼托地区，时间有可能在 1500 年，是达·芬奇在塞雷尼西马（Sérénissime）居住期间的构思和设计。

查尔斯·昂布瓦斯别墅

查尔斯·昂布瓦斯别墅是达·芬奇在1506—1508年设计的，位于郊外，距米兰东门不远处。[5]该别墅有两张设计图纸，其中包含一系列草图，这些草图大抵是达·芬奇与查尔斯·昂布瓦斯在商讨时创作的，体现着达·芬奇的设计理念。其中的文字主要是对楼梯及花园布局的描述[6]（图22）。

我们判断，达·芬奇最先构思的草图很有可能是位于图纸下方左侧的平面图，该平面图的设计与美第奇家族建筑风格相似，其样式让人首先联想到波焦雷亚莱别墅。八角形空间占据平面图中心，房间位于各角，并通过柱廊相互连通。然而，查尔斯·昂布瓦斯并不太满意这个方案，提议将建筑整体延长，这样更加符合法式风格。因此，新构思的平面

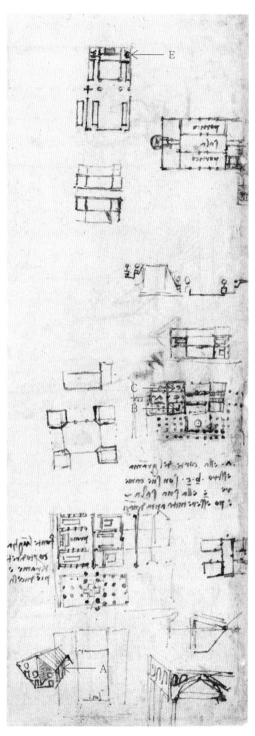

图22 列奥纳多·达·芬奇，查尔斯·昂布瓦斯项目

图就位于图纸右上方，中央大厅两侧设有对称敞廊，这些敞廊可以作为别墅入口。[7]右侧为房间图，左侧为简易的楼梯塔，该楼梯塔可用作阁楼。[8]不难看出，达·芬奇和查尔斯·昂布瓦斯之间商讨的重点是垂直方向上的设计。图纸下方右侧，达·芬奇绘制了两种不同设计方案：第一种设计方案，达·芬奇使用简便的栏杆楼梯替代了楼梯塔；另一种设计方案位于其下方，方向与第一种设计方案相反，绘图比例较大，关于各房间的用途分别配有详细的标注：A 入口前方为花园；B、C 为卧室；E 为大厅。查尔斯·昂布瓦斯的起居室应直接通向威尼斯式中庭，也就是完全的开放式建筑风格。[9]我们可以看到，这一设计与当时巴尔达萨雷·佩鲁齐设计的法尔内西纳别墅风格相似，如位于走廊两侧的房间（在法尔内西纳别墅中是建筑物正面突出部分）、走廊与前庭之间的区分式设计等。[10]

与其他建筑设计相似，达·芬奇对于查尔斯·昂布瓦斯别墅同样倾向于采用方形结构，图纸长度单位基于臂长（1 臂长等同 0.584 米），建筑体截面大体呈长方形，边长约为 16.6 米 ×25.7 米。中央大厅长宽比约为 2:1，即长度 12.3 米，宽度 6.25 米，但高度仅为 4.68 米，这一点

121

突破了高度应与宽度相等的设计规则，达·芬奇的奇巧构思使得大厅及其他空间较小的房间之间的比例保持平衡，以避免因空间差距而感到压抑。位于右下角的透视剖面图可能代表的是一楼大厅，大厅的桶形穹顶由阁楼支撑着。这样的设计思路同样也曾用于二级城市中的宫殿建筑。[11]

我们注意到图纸左侧画有名为《长源（Fonte Lunga）》〔即阿夸伦加（Acqualunga）〕的喷泉，有桥梁通往别墅花园，成排树木分别种植在别墅正面两侧。图纸左侧下方绘有花园园林的设计方案，喷泉四周种有成排的树木，这些树木布局呈十字架式。图中的矩形隔间内，设有长桌和凉棚架，凉棚架上站满了鸟类，可以想见，建筑师在设计时已经考虑到了要将鸟鸣声与水磨坊发出的声音结合在一起。到了盛夏时节，别墅主人可以使用喷水设备消暑，桌子中间钻洞，夏天时把红酒放进去可以保持凉爽。花园各个角落密集地分布着管道，以便浇灌雪松和橙树。此图再次展现了达·芬奇对细节方面的注重，他不仅注意到喷泉要及时清理，还附有水渠系统中不能饲养攻击性强的鱼类的建议，以避免温和鱼类惨死的可能。在达·芬奇的描绘下，花园是建筑系统中的一个缩影，系统中包括建筑、植被、水和动物，所有元素构成一个有机整体。这一建筑模型让人联想到古罗马时期的别墅，同时也预示了意大利中部地区，16世纪下半叶的"黄金时代"别墅的建筑风格。

梅尔齐别墅

在法军撤离米兰之前，达·芬奇来到了其未来的学生弗朗西斯科·梅尔齐居住处避难。[12]达·芬奇被这一建在阿达河岸山丘上的居所的自然环境所吸引，达·芬奇在1513年初构思了梅尔齐别墅的重建工程，并绘制了一组平面图、剖面图和立面图草图。图25或为最完善、最能表达艺术家设计意图的图纸[13]。

根据图纸左侧的正视图，别墅毗邻阿达河，建筑正面两侧突出部分超出已建别墅的主体。左下角的草图对一个凉亭进行了详细的描绘，该凉亭采用古典直棂窗及圆顶门洞设计，门洞上方为灯笼式天窗。在别墅主房的每一侧设有五个跨度的门廊，门廊顶上有一个屋顶露台。[14]图纸右侧的两幅草图，画出了别墅正面突出部分的顶饰结构：圆顶、灯笼式天窗、金字塔形屋顶。结构的多样性是为了使建筑轮廓更生动活泼。与此同时，栏杆环绕的露台和平台则为别墅主人提供了全景观赏周边景观的条件。

图 26，同样展示了建筑的正视图及连接不同楼层露台的楼梯剖面图。根据阿尔伯蒂的建议[15]，楼梯应逐渐上升直至建筑顶部，这一选择体现了视角设计和场景效果设计的概念。下方的平面图记录了设计初步模型，平面图中缺少梅尔齐别墅设计中的两个重要元素，即建筑正面的突出部分及房间布局设计。与我们在本章初始对庄园住宅的分析一致，达·芬奇在设计中将别墅视为一个有机生命体，建议建造花园走廊以便缓解房间同时作为过道的通行压力。

图 27[16] 显示，几幅解剖图占据了图纸的部分区域，达·芬奇将注意力集中在主卧的"塔结构"上。有关"塔结构"的三幅草图有可能是达·芬奇在研究别墅主人生活习惯之后绘制的。他分析了"塔结构"与楼梯之间的联系，在两者之间增加了相邻的小空间作为工作室或厕所，甚至还标示出了床的位置。在同一收藏系列 Rl19107 文件中，有关建筑主体突出部分的两幅草图，是达·芬奇在深入研究建筑功能的基础上绘制的。在草图中达·芬奇继续详化建筑布局，他在房间主体与建筑侧面之间加绘了门，并在其中一间房间内添绘了桌子。[17]

尽管不能说这座建在山丘上的别墅与几年后建在马里奥山上的玛达玛庄园之间并不是完全无关，但它们同样揭示了达·芬奇、拉斐尔和小安东尼奥·达·桑加洛设计视角的不同。[18]达·芬奇的设计理念显然受到了已有建筑物结构与自己风格完全不同的限制（图 28）。

图 25　列奥纳多·达·芬奇，梅尔齐别墅重建项目，外观以及建筑前方

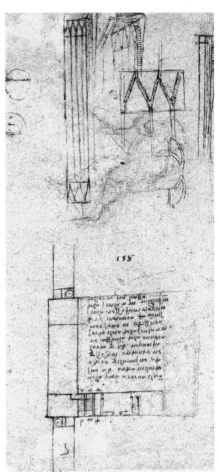

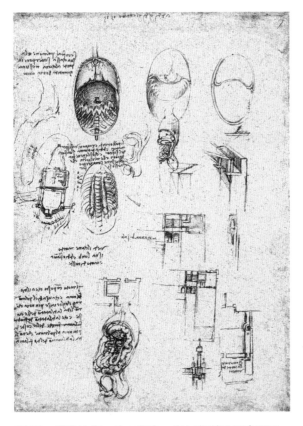

图 26　列奥纳多·达·芬奇，梅尔齐别墅重建项目，室内布置研究和通往房间的坡道

图 27　列奥纳多·达·芬奇，梅尔齐别墅重建项目，室内布置研究

图 28　列奥纳多·达·芬奇，梅尔齐别墅重建项目，别墅提升至山顶

如果说达·芬奇、拉斐尔和小安东尼奥·达·桑加洛同样注重建筑的场景效果设计，那么，作为别墅主人更倾向于建筑体轮廓上的多样性，包括建筑表面凹凸感和高度上的错落感。[19]

中心型宫殿与别墅建筑设计

从 15 世纪 80 年代初期直至达·芬奇在法国的职业生涯的最后一个阶段，近 40 年的时间内，达·芬奇致力于理想宫殿和别墅的建筑设计，不同的画册中的设计图，构成了达·芬奇有关此类建筑设计的选集。此类设计思路比圆顶教堂设计的局限少，通过对其研究可以基本确定设计师的参考资料和方法。正如我们之前所提到的，达·芬奇熟知洛伦佐·德·美第奇时代的住所重建风格。

当达·芬奇在设计波焦阿卡亚诺别墅时，新风格开始出现，例如阿尔伯蒂理论中的"房子中心位置"，长方形的客厅位于建筑的中心区域，既作为住所内社会生活的核心，又是对城市空间广场的隐喻（图 1、图 2）。

达·芬奇根据阿尔伯蒂的建议，建筑平面图以方形框架为基础，

图 1　波焦阿卡亚诺府邸

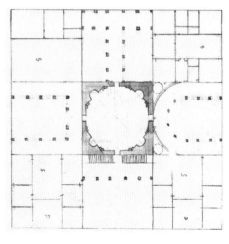

图 2　朱利亚诺·达·桑加洛，集中式别墅项目（波焦阿卡亚诺项目）

入口的特点是前庭和中庭相继，外墙设计风格典雅，主要参照神殿的建筑模型。[20] 从图 58 中可以看出，在设计构思上，新兴的设计风格对 1482 年即将离开米兰的达·芬奇有着显著的影响[21]。

图 59 左上方绘有连续空间的综合体平面图。通过标注的两点间高度差可以判断建筑的不同楼层，在入口一侧的一个房间设有成排的维特鲁威式立柱。在图中，达·芬奇对中央系统进行了多样化设计，但我们无法确定这些设计是否与住宅或其他建筑结构有关。

达·芬奇在斯福尔扎宫廷时代的草图不仅展现了佛罗伦萨风格在其设计中的延续，也体现了 1490 年其在帕维亚[22]与弗朗切斯科·迪·乔尔吉奥会面后的新设计风格。在这段时期，达·芬奇绘制了两幅宫殿平面图，平面图角度均取决于建筑中心区域。其中一幅平面图，在角落处的八角形礼拜堂和与其具有相同形状和尺寸的房间之间存在着直接联系（Cod.Atl., 967iii R [349v-C] 号文件）。[23] 这一布局让人联想到锡耶纳建筑师的理想化平面图《马利亚贝基亚诺手稿》（Cod. Atl.315r-B[865r]），II，I.1414。[24]

1492 年朱利亚诺·达·桑加洛向斯福尔扎宫廷展示波焦阿卡亚诺的美第奇别墅模型，达·芬奇由此重新审视佛罗伦萨的设计风格[25]。无论如何，两位建筑大师之间似乎有所交流，并保持长期的联系。[26] 在这种情况下，桑加洛使用相同的原理，向王子及其好奇的朝臣们详细介绍了其他在建或已完成的作品，包括波焦阿卡亚诺的别墅及巴贝里尼手稿[27]（Codex Barberini，收藏在西班牙国家图书馆，Ms.II, F.135v）。达·芬奇于 1491—1493 年手绘了三幅平面图，包括一个呈八角形的中心空间，图 60 上方左侧绘有覆盖这一中心空间的圆顶及与中心部分形成强烈对比的四角形空间，在这一设计中建筑师舍弃了中间的门廊结构[28]。

图 59　列奥纳多·达·芬奇，集中式几何系统研究

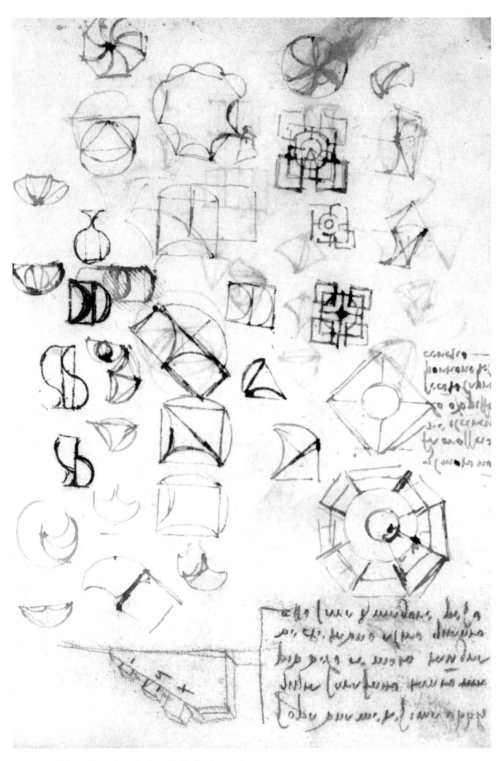

图 60　列奥纳多·达·芬奇，集中式别墅研究

128

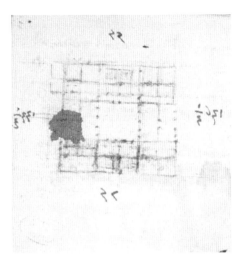

图 61　列奥纳多·达·芬奇，宫廷以及方形平面图的别墅项目

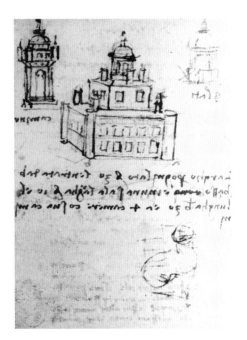

图 62　列奥纳多·达·芬奇，加盖有灯笼穹顶的集中式别墅项目

达·芬奇在 1497—1499 年绘制的图纸中有两幅相互重叠的关于同一设计的两种方案，其中较完善的设计方案中绘有三边由柱廊包围的方形庭院，四个角落为由规则布局的 4 个方形房间组成的公寓[29]（图 61）。

这一设计与波焦阿卡亚诺别墅的模型极为相似，无论是庭院还是位于四角的房间布局。不同的是，在这张草图里，前庭的建筑功能被分配给图右侧的双层凉廊，该凉廊的外墙采用了帕拉第奥母题元素。[30] 达·芬奇在设计查尔斯·昂布瓦斯别墅时，同样受到这种设计模型的影响（图 22 左侧中部）。

这些理想化模型与传统的托斯卡纳住宅的部分特征相似，而这种现象并非只体现在达·芬奇的设计中。绘于 1473 年 8 月 5 日，芬奇附近的河道景观图（Gdsu Inv.8 Pr）左侧绘有建筑结构紧凑的别墅，别墅平面图的中心位置绘有塔楼（通常情况下为鸽舍）[31]。　在 1503—1507 年绘制的该建筑的版本中，突显其对比鲜明的轮廓：带有角楼的方形庭院，角楼配有观景平台及顶塔。在高度上的错落设计使在露台上建造平屋顶成为可能，砖砌烟囱的凸出部分，使得建筑轮廓更加生动[32]（图 62）。

约 1508—1510 年，这一建筑造型逐渐演变为军事风格，图 63 中的建筑以平面图和透视图的形式绘制，旁边绘有海神尼普顿及其坐骑的雕像[33]。

图 62 中，经过互相连通的坡道可以到达露台（由平面图中建筑的后立面细节可见），观景平台位于角楼的顶部，建筑底层的立面通过壁柱相连，壁柱的跨度为 3 个三角楣的宽度，这一布局使建筑几乎不具有任何军事防御功能。对于这种混合型建筑模式，在达·芬奇编号为 Cod.Atl.F. 659v/242v–A5 的草图中也有所体现。[34]

我们惊讶于弗朗切斯科·迪·乔尔吉奥建筑模型的长久不衰，同时也证明了达·芬奇既不追求一味创新，也不将创作局限于已掌握的建筑模型之中。达·芬奇为美第奇家族设计的第二个项目（图 29），作为 1513 年佛罗伦萨重建的一部

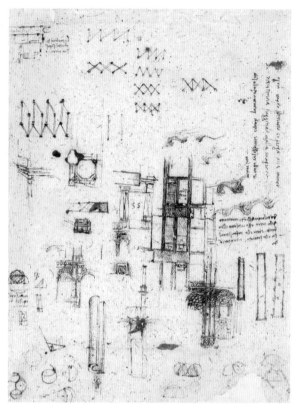

图 29　列奥纳多·达·芬奇，佛罗伦萨圣洛伦佐大教堂前的广场重建项目

分，这一建筑设计是以锡耶纳理论家理想建筑模型为基础的模型变体，图左侧上方，中心区域为八角形空间及角落有圆形客厅的轴向结构（马利亚贝基亚诺手稿，II，I.141，F.20v）[35]。

1517 年前后，这一模型结构在法国重新流行开来，在编号为 Cod. Atl. F.294r/106r–B 的宫殿建筑设计中，宫殿中心为巨大方形空间，上方为穹顶，与八角形的装饰有壁龛的外围空间融合在一起，外围空间同样以穹顶覆盖。[36] 在图 64 中，八角形的庭院内绘有拱形门廊，从而形成了心形和八角形结构。达·芬奇勾勒出立面，墙壁中间部分的凹凸设计可以增加墙面的层次感[37]。

130

图63 列奥纳多·达·芬奇，筑有防御工事的宫殿项目，外景透视表现和平面图

按照这种想法绘制的编号为 Cod. Atl.F.317r/114v-A 的图纸充满了趣味性，这也从侧面说明了达·芬奇对几何结构的强烈兴趣。该建筑由 8 个八边形组成，这些八边形排列在一个方形框架中（每边 3 个），环绕在一个希腊十字架形状的庭院之中，庭院中央是一个喷泉。[38] 从立视图残存部分可以显示出三角形平面的错落创造出强烈的光影对比。[39]

1517 年，达·芬奇绘了一小幅轴测图，此图位于 Cod.Atl. F.310v [849v] 文件的右下角，图中可见一个圆顶覆盖的方形空间。毫无疑问，该建筑采用的是集中式别墅建筑模型。[40] 可见，立体几何学以及对比强烈的几何形状不断激发着达·芬奇建筑设计的创造力。

很难想象是法国赞助人要求达·芬奇采用这一设计思路的，所有迹象都表明，这一选择是基于达·芬奇对私人住宅重修设计的研究。这些带有穹顶的巨大空间，通常效仿教堂按层次结构布局，该建筑模型很容易被误认为是弗朗切斯科·迪·乔尔吉奥所绘，因为他也在通过其原理图和效果图为住房建筑模型的演变注入新动力。

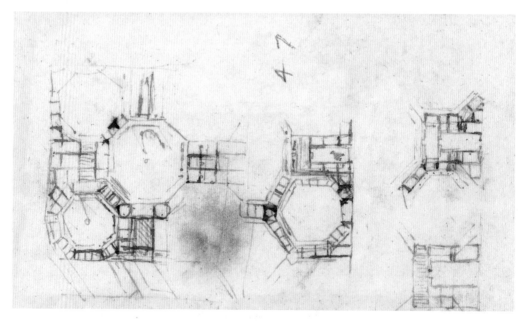

图 64　列奥纳多·达·芬奇，八角空间构成的宫殿项目

建筑物立面

图65 列奥纳多·达·芬奇，赌场、带有双凉廊和帕拉第奥母题的灯笼式穹顶

达·芬奇主要对建筑体体积及建筑结构的内部功能感兴趣。因此，反映其对建筑物立面细节设计的图纸就显得尤为珍贵。图65中，中央拱门与双层凉廊相通，穿过拱门可以到达建筑物的上层空间，拱门两侧空间较窄并装饰有挑檐[41]。

与帕齐礼拜堂设计直接相关的帕拉第奥母题建筑模型的变体，被建筑师朱利亚诺·达·桑加洛吸收和应用，特别是表现在1491年对佛罗伦萨的塞斯特洛修道院的修建工程中。这一建筑结构很可能早已出现于波焦阿卡亚诺和阿尼亚诺的别墅设计中。[42]在达·芬奇的建筑设计中，建筑物主体由灯笼塔封顶，灯笼塔为米兰宗教建筑的典型元素，这一元素的运用赋予该设计"神圣"意味。

宫殿外墙设计是最有趣味性的构思之一，在建筑手稿封面上加入飞鸟的插画，以及左侧上方有关于卡普里尼宫建筑细节的注释[43]（图66），这或许是达·芬奇在1505年4月于罗马短居期间或之后不久所创作的。

图66中的威尼斯式建筑立面由三部分组成，前后立面很有可能是通过一个贯穿建筑体的中央大厅相连的，中央大厅的顶部高度较高。下方的平面图却显示的是与上述布局相同的另一个建筑物。接待宾客的场所是一层的狭窄凉廊，其顶部是阁楼和三角楣，这一设计风格让人联想到罗马的建筑物，特别是朱利亚诺·达·桑加洛的设计作品。朱利亚诺当时正在修建圣天使城堡的凉廊，试图通过使用类似的装饰物来提高建

133

图 66　列奥纳多·达·芬奇，宫殿透视表现，住宅图，罗马的卡普里尼宫细节

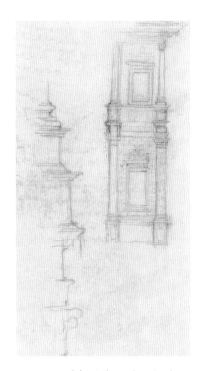

图 67 列奥纳多·达·芬奇，建筑的秩序感研究

图 30 列奥纳多·达·芬奇，罗莫朗坦城堡以及新城项目

筑物的知名度，[44] 朱利亚诺还提议在圣皮埃尔广场上的圣台设计中使用阁楼和三角楣相结合的建筑风格，并试图用这一模型来"纠正"其收集的某些古代凯旋门设计图纸的考古学错误。[45]

图 67 中，于 1513 年绘制的赭石色图稿让人联想到法尔内西纳别墅，该别墅是朱利亚诺·达·桑加洛在罗马最后一次短居时的代表作品。达·芬奇之后改变了立面设计，使建筑具有了古朴风格：建筑的跨度更窄，底层强化了垂直方向的错落感，削弱了墙体的连贯性[46]。

与文书院宫（Palais De La Chancellerie，1489 年）的立面设计相反，图 66 中，窗台采用无凹凸设计，在空间秩序上赋予了建筑物更好的连贯性。参照罗莫朗坦城堡设计图纸中的八角形的宫殿建筑，证明了达·芬奇吸收了在这一建筑中的创新性[47]（图 30 右侧下方）。墙体外部也进行了加固，上层结构通过巨大的壁柱与多边形各角相连，壁柱上有巨大的凸起，这一结构有可能是受到伯拉孟特的康西纽利欧宫的启发。[48] 楼梯栏杆将采光性较差的底层与镶嵌在高层支撑结构之间的拱形窗户分割开来。

达·芬奇在私人住宅领域的建筑设计图，体现了他在追寻设计潮流的同时，也关注兼具审美性与功能性的建筑风格，这使得他的建筑作品特色鲜明。达·芬奇对维特鲁威建筑空间的秩序并没有兴趣，而建筑立面的设计与同时代其他建筑师相比，具有独到之处。

135

注释

1. 弗洛梅尔（Frommel）S.2007b，第 815 页至 820 页。
2. 佩德雷蒂（Pedretti）1972，第 16 页至 23 页；佩德雷蒂（Pedretti）1995，第 71 页至 77 页；弗洛梅尔（Frommel）S. 2019c，第 144 页至 145 页。
3. 在大幅图纸中（图纸中央区域），达·芬奇在厨房区域加入大型壁炉结构、食品储藏室和橱柜。楼梯侧方紧连客厅、用人房及客人房。门房从别墅主人房侧方转移到厨房一侧，走廊和小院的结合尤其成功，它将别墅主人、用人及两者共用空间巧妙地连接在了一起。
4. 达·芬奇为圣玛利亚感恩教堂（Santa Maria Delle Grazie）创作了《最后的晚餐》而获得了相应的奖赏。
5. 吉罗姆（Guillaume）1987，第 269 页至 272 页。
6. 佩德雷蒂（Pedretti）1972，第 43 页至 48 页；佩德雷蒂（Pedretti）1978，第 210 页至 213 页；吉罗姆（Guillaume）1978，第 268 页至 271 页；弗洛梅尔（Frommel）S.2006，第 265 页至 276 页；弗洛梅尔（Frommel）S.2019c，第 148 页至 151 页。
7. 该塔结构在弗朗切斯科·迪·乔尔吉奥（Francesco Di Giorgio）的图纸中初现雏形〔都灵（Turin），皇家图书馆（Biblioteca Reale），《萨鲁奇那奥古抄本（Codex Saluzziano）》148，F.19v〕。
8. 位于图纸上方的草图（左）可能为建筑正视图，底部为一层，顶部为两层。
9. 重建工程参见弗洛梅尔（Frommel）S.2009，第 116 页至 120 页。
10. 参见本书中《达·芬奇及其同时代的艺术家》一章。
11. 巴黎，法兰西学院，手稿 B，F.36r，参见《城市重建与理想家园》一章。
12. 维切（Vecce）2001，第 259 页至 262 页。
13. 佩德雷蒂（Pedretti）1972，第 53 页至 57 页；佩德雷蒂（Pedretti）1978，第 228 页；吉罗姆（Guillaume）1987，第 271 页至 272 页；弗洛梅尔（Frommel）S.2019c，第 152 页至 153 页。
14. 温莎城堡（Rl 19107）图纸右下方草图绘制了带有下蹲拱门和十字拱顶的凉廊，以及对凉廊和主楼之间过渡结构的研究。
15. 佩德雷蒂（Pedretti）1972，第 53 页至 57 页；佩德雷蒂（Pedretti）1978，第 228 页至 229 页。
16. 这幅日期为 1513 年 1 月 9 日的图纸标注有 "Camera Della Torre Di Vaveri（Vaprio）"，毫无疑问，它涉及同一工程〔佩德雷蒂（Pedretti）1972，第 54 页；佩德雷蒂（Pedretti）1978，第 228 页至 231 页〕。
17. 佩德雷蒂（Pedretti）1972，第 55 页；佩德雷蒂（Pedretti）1978，第 228 页至 229 页。
18. 弗洛梅尔（Frommel）S.2006，第 257 页至 300 页。
19. 对于别墅内部结构，该设计趋势始于 1450 年代初期位于菲奥索勒（Fiesole）的美第奇别墅工程，该别墅是安东尼奥·曼内蒂·恰亚切里（Antonio Manetti Ciaccheri）受了阿尔伯蒂（Alberti）的启发而设计的。不同以往的是，该别墅设计中放弃了军事结构元素，反而采用了搭配和谐且设计合理的不规则平面布局，这一方案使得建筑内部空间、花园和景观之间建立了一种相互渗透的空间关系。
20. 在塞内思笔记（Taccuino Senese）F.19v 的早期珍藏图纸中，建筑外墙装饰仿照帕齐（Pazzi）教堂模型的帕拉第奥母题，这一结构随后被三角山墙饰的柱廊取代。该设计很有可能在 1513 年至 1516 年的最后施工阶段才得以实现〔弗洛梅尔（Frommel）S.2014 年，第 72 页，第 78 页至 79 页；弗洛梅尔（Frommel）S.2019 年，第 83 页，第 89 页至 90 页；弗洛梅尔（Frommel）S.2017a，第 38 页〕。
21. 达·芬奇携带的物品清单。〔佩德雷蒂（Pedretti）1972，第 12 页；弗洛梅尔（Frommel）S. 2006，第 258 页，第 260 页；弗洛梅尔（Frommel）S. 2019c，第 112 页至 113 页〕。
22. 见本书中《达·芬奇及其同时代艺术家》一章。

23. 在另一个设计方案中，建筑空间围绕希腊十字形教堂结构而布局（《大西洋古抄本》，F.969dr / 349v-K）。参见弗洛梅尔（Frommel）S.2006，第 280 页，第 285 页。

24. 弗朗切斯科·迪·乔尔吉奥（Francesco Di Giorgio）1967，第二卷，F.20v（表 200）。

25. 瓦萨里（Vasari）在报告中指出两位大师曾在这个时候见过面〔瓦萨里（Vasari）1966—1987，第四卷（1976），第 134 页〕。

26. 参见弗洛梅尔（Frommel）S.2016b，第 85 页至 99 页。

27. F.9r〔弗洛梅尔（Frommel）S.2014，第 85 页至 86 页；弗洛梅尔（Frommel）S.2017b，第 93 页至 94 页；弗洛梅尔（Frommel）S.2019c，第 98 页，第 100 页〕。

28. 弗洛梅尔（Frommel）S.2006，第 272 页至 273 页，第 276 页至 277 页。

29. 弗洛梅尔（Frommel）S.2006，第 264 页至 265 页。

30. 巴尔达萨雷·佩鲁齐（Baldassare Peruzzi）（GDSU）认为这座别墅最引人关注的是其新颖的矩形庭院。塞巴斯蒂亚诺·塞利奥（Sebastiano Serlio）在其第三本书中描绘了一个方形庭院，这有可能是基于矩形庭院的一种变体。

31. 参见弗洛梅尔（Frommel）S.2019c，第 136 页至 137 页，以及此书的参考书目。

32. 下方平面图的下面，绘制有一房间，它按照威尼斯建筑的传统，横穿建筑主体两端〔吉罗姆（Guillaume）1987，第 273 页；弗洛梅尔（Frommel）S. 2006，第 277 页；弗洛梅尔（Frommel）S.2019c，第 128 页至 129 页〕。

33. 佩德雷蒂（Pedretti）1972，第 63 页；吉罗姆（Guillaume）1987，第 273 页；弗洛梅尔（Frommel）S.2006，第 279 页，第 281 页至 282 页；弗洛梅尔（Frommel）S.2019c，第 130 页至 131 页。

34. 吉罗姆（Guillaume）1987，第 278 页；弗洛梅尔（Frommel）S.2006，第 291 页至 292 页。参见本书中《达·芬奇及其同时代的艺术家》。

35. 在同一张图纸上的小幅透视图中（很有可能是同一建筑项目的方案变体），巨大角楼凸显了这座军事建筑的外观特点。另参见《城市重建与理想家园》一章。

36. 佩德雷蒂（Pedretti）1972，第 109 页；弗洛梅尔（Frommel）S.2006，第 283 页，第 288 页。

37. 建筑布局被分割成小块空间，分割方式十分模糊。相似的有图纸 967iii R [349v-C] 中的项目，八角形空间之间增加了间隔距离。

38. 弗洛梅尔（Frommel）S.2006，第 286 页至 287 页，第 289 页。相似的有巴尔达萨雷·佩鲁齐（Baldassare Peruzzi）Gdsu 529 Ar。

39. 图纸下方（左侧）绘制了以正方形为单位的建筑模型变体，这一变体使建筑外轮廓的体积对比更加明显。

40. 佩德雷蒂（Pedretti）1978，第 209 页，第 257 页；弗洛梅尔（Frommel）S.2019c，第 232 页至 233 页。

41. 弗洛梅尔（Frommel）S.2006，第 262 页至 263 页；Frommel S.2019c，第 142 页至 143 页。

42. 弗洛梅尔（Frommel）S.2014，第 80 页，第 109 页〔德语版弗洛梅尔（Frommel）S.2019a，第 92 页，第 115 页〕；弗洛梅尔（Frommel）S.2017a，第 39 页。

43. 佩德雷蒂（Pedretti）1972，第 106 页；佩德雷蒂（Pedretti）1978，第 214 页；吉罗姆（Guillaume）1987，第 255 页至 256 页；弗洛梅尔（Frommel）S.2019c，第 146 页至 147 页。有关卡普里尼宫的详细信息，请参见本书中《建筑语言：柱型运用》一章。

44. 弗洛梅尔（Frommel）S.2014，第 284 页至 290 页〔德语版弗洛梅尔（Frommel）S.2019a，第 221 页至 227 页〕。

45. 弗洛梅尔（Frommel）S.2014，第 294 页至 297 页〔德语版弗洛梅尔（Frommel）S.2019a，第 234 页至 237 页〕。

46. 佩德雷蒂（Pedretti）1978，第 77 页，第 79 页；吉罗姆（Guillaume）1987，第 254 页至 255 页；弗洛梅尔（Frommel）S.2019c，第 218 页至 219 页。

47. 参见本书中《达·芬奇及其同时代的艺术家》一章。

48. 弗洛梅尔（Frommel）C.L.2002，第 90 页至 94 页。

含多个坡道的楼梯

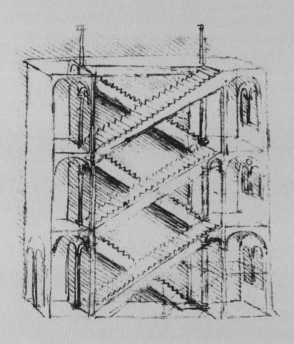

乔恩·吉罗姆
（Jean Guillaume）

基于对建筑结构功能的着迷，达·芬奇对建筑内的楼梯结构也十分感兴趣。1490 年左右，达·芬奇在手稿 B 中创作了含多个平行坡道的楼梯结构系列草图，图中的楼梯结构与那些在 15 世纪应用于几乎所有意大利宫殿建筑中的传统螺旋楼梯结构或层叠坡道楼梯结构大相径庭。达·芬奇所设计的结构与其对军事建筑的研究直接相关：分割成两部分，呈现 X 造型的层叠坡道楼梯（图 68），即楼梯的两部分由"核心墙（Mur-Noyau）"结构分割（而不是图中所绘的开放式结构）；中央为塔型结构的双螺旋式楼梯；中央为巨大方塔的含平行坡道的直阶螺旋楼梯（四条平行坡道中央闲置的空间被第五条坡道占据）（图 69）。

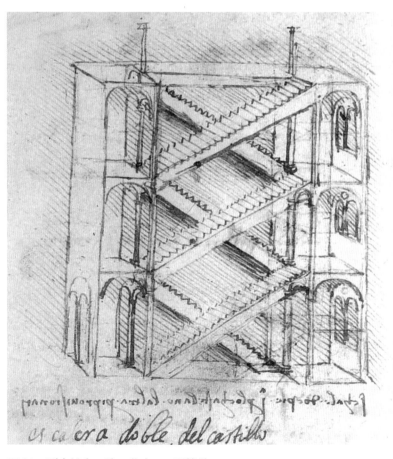

图 68　列奥纳多·达·芬奇，X 形楼梯

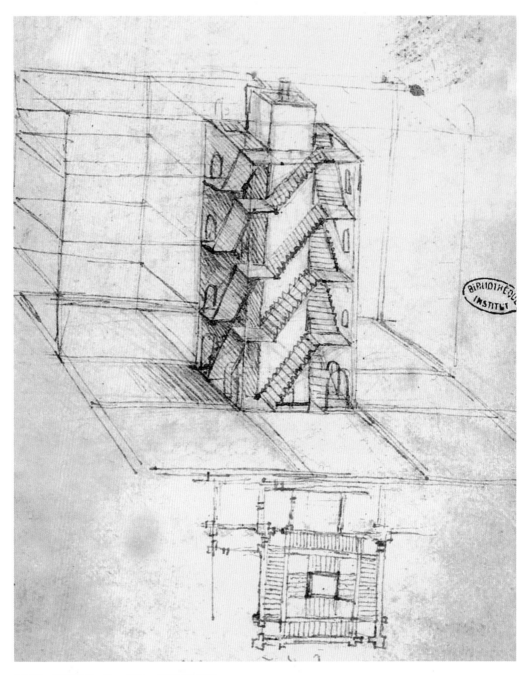

图 69　列奥纳多·达·芬奇，4 组相似楼梯

直阶螺旋楼梯结构明显让达·芬奇非常满意，因为其在随后的图纸中集中绘制了分割成八个独立单元的圆塔，每部分之间通过八个层叠但相互独立的坡道连接，八个坡道中央设有通向位于塔顶主卧房的螺旋式楼梯，达·芬奇草图中标注了这一结构的设计原理。例如在双层布局的建筑中，楼梯结构用于将上下层的交通分割开来，仅有城堡主人可以使用位于中央的楼梯，而防御塔的各部队有自用楼梯，各楼梯之间互不相交。达·芬奇似乎对这一思路十分满意，在图纸中绘制了"围绕塔结构的十条楼梯"，无任何文字注释。

1506年，当达·芬奇回到米兰，在新住宅类建筑兴起的环境背景中，他对楼梯结构重燃兴趣，建议在别墅平面图的中心区域（卧室与客厅轴位置）引入一种新型楼梯结构——上升结构分为两部分的双层重叠楼梯，达·芬奇在这一对称型楼梯结构的图纸背面绘制了一些在历史上从未被实现的楼梯模型。弗朗切斯科·迪·乔尔吉奥（有可能是在1490年与达·芬奇相遇）在其著作的最后一个版本中的居中型布局宫殿平面图中应用了这一对称型楼梯式样。[1]

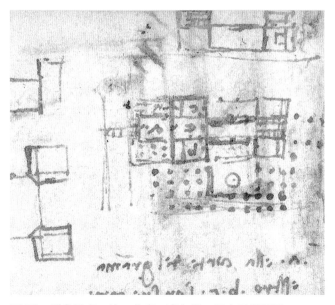

图70　列奥纳多·达·芬奇，查尔斯·昂布瓦斯项目

很难判断达·芬奇是否在1507年设计的查尔斯·昂布瓦斯项目中使用了这一楼梯结构模型（图70）。

图70右侧绘有楼梯，它与朝向小花园的卧室相对。对这一楼梯模型很难做出详细的解释，因为达·芬奇对细节的文字描述前后有所矛盾。[2]图纸中标注客厅的尺寸为（12.2米×8.72米）[3]，包

141

括楼梯平台在内至少包含 32 个台阶的层叠式楼梯占据了尺寸为 5.81 米的长形空间，楼梯通往 4.65 米的上层空间。如果用于单层上升高度为 1.02 米的层叠式楼梯模型，那么以上尺寸是非常合理的。这一注释可能对应了查尔斯·昂布瓦斯别墅工程的后期阶段，但这与更加详细的别墅平面图中所绘制的楼梯相矛盾：后者位于与客厅宽度相同的空间内，楼梯上升高度为 1.5 米，这一尺寸符合达·芬奇对楼梯"舒适、不存在磕碰伤人的可能性、不易损坏……"的愿望[4]，因此我们只能想象在这一空间内安置造型奇特的、由长形楼梯平台相连的双坡道楼梯结构，或是第二条坡道位于中央客厅轴位置上的、令人更加满意的对称型楼梯结构，但达·芬奇没有明示采用。因为他没有在楼梯中央绘制台阶，但这一空白可以解释为：达·芬奇很明显更倾向于将精力集中在位于楼梯平台下方的、由通道相连的客厅与主门厅的设计上。

图 71 中绘满了楼梯示意图，可以看出达·芬奇在这一时期对纵向楼梯结构感兴趣的程度，这很有可能涉及与查尔斯·昂布瓦斯别墅同时代的其他建筑。图纸中四种楼梯类型并列：分开上升的对称楼梯结构（A），X 形楼梯结构（B），层叠式楼梯结构（C）及查尔斯·昂布瓦斯别墅很有可能采用的层叠式对称楼梯结构（D）。这些示意图与上文分析的平面图类似，达·芬奇通常绘制封闭于墙体中且由筒形拱顶覆盖的楼梯坡道结构。如果说达·芬奇创造了这些新型楼梯模型并尝试将其用于楼梯结构空间延伸的探索，那么他并没有想到楼梯自身也可以被作为一个独立的建筑空间进行运用，这一设计思路并非出自于意大利建筑界，最早则自西班牙始。

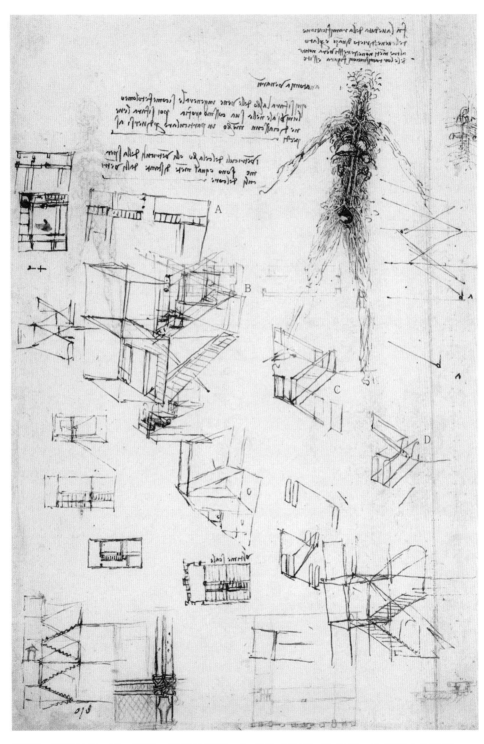

图 71　列奥纳多·达·芬奇，楼梯示意图：A. 分岔式升高，B. X 形，C. 坡道上的斜坡，
D. 在坡道斜坡上的第一节双楼梯段

注释

1. 佛罗伦萨国家图书馆，马格里亚贝奇亚诺手抄本（Magliabechiano）II.I.141，24v（在线出版物，第20页）。直到1515年这一类型的楼梯建筑才由安东尼奥·达·桑加洛（Antonio Da Sangallo）在罗马的美第奇宫殿工程中提出，相关设计图纸绘制于达·芬奇最后一次在罗马短居之后（Gdsu 1529ar），该结构于1525年在威尼斯的及圣洛克大会堂（La Scuola De San Rocco）的建筑工程中得以实现。
2. Ca 732vb/271 V-A, 出版于佩德雷蒂（Pedretti）1962，第37页到第41页。
3. 佛罗伦萨1臂长对应长度为0.584米。
4. Ca F.571 R（B）/214r-B。

144

建筑语言：柱型运用

乔恩·吉罗姆
（Jean Guillaume）

暂居米兰期间，达·芬奇几乎不关心柱型和装饰品，尽管他也很重视体积、空间组合、功能布局和建造技巧。手稿B中的一些图纸显示，达·芬奇钦佩圣沙弟乐圣母堂后面的布置，伯拉孟特通过并置相同高度的壁柱使四周的墙壁更加紧凑，从而在墙上形成了三个不同的平面（图72）。他试图通过并列放置后挡板上的壁架和承载教堂入口处拱门的倾斜柱子来使墙面更加生动（图53）。然而，达·芬奇没能把它们实现出来。

实际上，达·芬奇1505年在罗马短暂的逗留期间，在发现了伯拉孟特的第一批"复古"作品之后，才真正对柱型产生了兴趣。在1505年的鸟类飞行手稿封面上绘制有宫殿视图（图66）和轴测图（从宫殿二楼窗户处的视角来观察），成对的墙柱斜靠着壁面，布置在突出的阳台两侧。此图是伯拉孟特设计的卡普里尼宫（Palais Caprini）立面的变体，一楼带有多立克柱式的建筑是这个变体的第一个示例。达·芬奇并没有完全复制伯拉孟特的模型：阳台有一排完整的栏杆，放在基座上的接合柱变成了倾斜柱，增加了地板的整个高度。最后一个变体是最有趣的，它说明达·芬奇当时已经注意到了立面的可塑性，并加强了表面浮雕的体现。

图53　木制教堂内部模型

图72　列奥纳多·达·芬奇，同一高度上对称与分离的"镜像"

146

图 73 列奥纳多·达·芬奇，外观的间隔交替表现以及升高式集中结构

图 74 图 73 大门的复原图

达·芬奇也欣赏伯拉孟特的其他发明：在1508—1510年，特里武尔齐奥纪念碑（Le Monument Trivulce）项目（图23，左侧部分）中模仿了坦比哀多礼拜堂的设计；在1517年绘制的一幅素描中，他将地下规划基地巨型柱式的设计应用于法院官殿的塔楼中。

其他图纸也证明了达·芬奇能够使用古老的元素来创建新的形式。在另一幅特里武尔齐奥纪念碑项目素描中（图24，右侧部分），他想象着先设计一种具有中心跨度的拱形门，在上面设计三角楣作为装饰。这似乎是维罗纳拱门的一种变体，他复制了维罗纳拱门的中央部分，而侧面部分则用在背景中。这种布置方式与精美的教堂设计手稿B（图50）中采用的布置方式大不相同，因为在手稿B中，侧向壁柱强烈突出的拱门由次要部分支撑。相反，在特里武尔齐奥项目中，拱门由主要的柱式框定。大约在1515年，达·芬奇在祭坛画中提出了该想法，表现出一种新的变化形式，其中凹入的部分也被三角楣包围，连接口也被设计到建筑凸起的部分中（图73）。

同年，达·芬奇最有趣的创作也得益于这一想法。该创作是一扇巨大的门，由背对背的柱子构架在一个小立方的基座上，有分段的三角楣基座与另一个三角楣相连，由不明显的角撑架支撑。因此，第一个更大的三角楣似乎摆脱了第二个三角楣的环绕（图73）。这种处理与劳伦森图书馆的内门设计相似，但这并不意味着它是达·芬奇创作的灵感来源。无论如何，可以肯定的是，达·芬奇是第一个设计三角楣饰图案的人，米开朗琪罗在不久之后赋予了它们非凡的能量。

我们刚刚研究的三个创造物是巨柱的立面、中央投影的凯旋门和嵌套的三角楣饰，在此基础上，我们应该加上教堂立面（图54）。这些图纸证明了达·芬奇对15世纪建筑风格的喜爱。图65，约1513年绘制的官殿立面图可能借鉴了帕维亚的宫殿，那些形似树干的圆柱和栏杆柱，让人联想到圣盎博罗削教堂和恩宠圣母堂的灯笼式顶楼。[1]

148

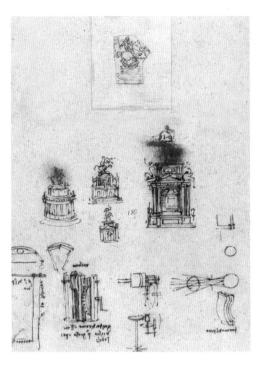

图23 列奥纳多·达·芬奇,吉安·贾科莫·特
里武尔齐奥丧葬纪念碑研究

图24 列奥纳多·达·芬奇,吉安·贾科莫·特
里武尔齐奥丧葬纪念碑研究

图50 列奥纳多·达·芬奇,带圆顶小教堂
的教堂视觉图

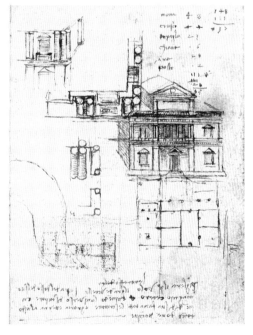

图66 列奥纳多·达·芬奇,宫殿透视表现,
住宅图,罗马的卡普里尼宫细节

149

图 73，眺望台上方庭院的设计发生了重大变化：比例更细长，拱门被一个竖框覆盖，而明亮的主体则带有一个用球装饰的栏杆。罗马建筑的样式逐渐失去了体积的庞大感，开始变得透明，更像威尼斯建筑的特点。

最后，也是最重要的，达·芬奇详细绘制的唯一外墙——卡普里尼宫变体（图66），并非借鉴于伯拉孟特的设计。在1506—1507年的关于米兰构思的项目中，达·芬奇设计了四对相距较远的壁柱，将立面分为三段。窗户、门和一个大型凉廊被分隔成三层，顶棚被一个带顶饰的阁楼所覆盖。如果我们考虑这一项目最原始的顶棚部分，那么这个立面就会让人联想起意大利北部的由壁柱和饰物的光点缀的宫殿。

因此，达·芬奇的设计"风格"并不统一。他对理论型图纸并不感兴趣，他所喜爱的是15世纪末期建筑风格的形式。1505年后，达·芬奇偶尔使用伯拉孟特的建筑语言，甚至创作了一些具有罗马精神的原创作品。从这个意义上说，他的设计确实存在演变，但这并不意味着这种演变会成为新样式，也不意味着他对古代建筑的形式产生了兴趣，为数

图54 列奥纳多·达·芬奇，带透视的教堂外观

图65 列奥纳多·达·芬奇，赌场、带有双凉廊和帕拉第奥母题的灯笼式穹顶

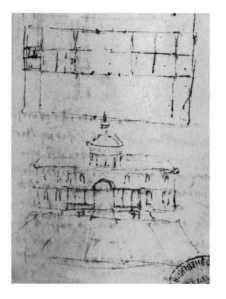

不多的文字也与柱型和图案无关。[2] 对 "柱型系统"设计的态度，使得达·芬奇从根本上领先于同时的代人。

达·芬奇把有限的注意力放在了研究建筑风格上，如果我们承认他是通过一些创新来设计新风格，那么就可以更好地理解这些作品。其实，使达·芬奇着迷的并不是建筑的形式元素，而是根据人的需求设计和组织这些元素。

注释

1. Ca，F.865r / 315 R-B。
2. 费尔波（Firpo）1963，第 13 页至 15 页。

达·芬奇的剧院设计及
节庆临时建筑

萨瑞·塔格丽拉格姆巴
（Sara Taglialagamba）

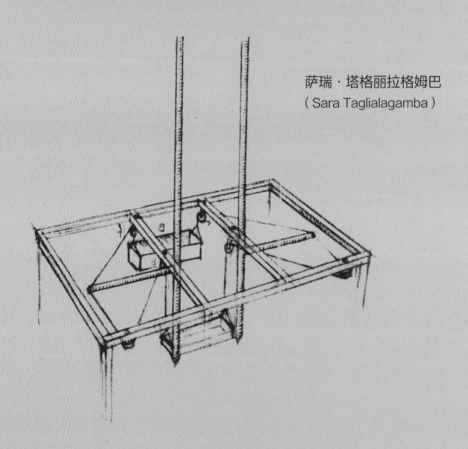

"他为人和蔼可亲，慷慨大方，富有才华，外表英俊；他是一位出色的戏剧评论家和创作家，同时他自己也经常在七弦琴的伴奏下演唱。他的歌声优美，受到当时许多王室成员的青睐和邀请。"[1] 这是作为历史学家和人文学家的保罗·乔维奥（Paolo Giovio）对达·芬奇的评价。1508 年或 1510 年，保罗·乔维奥曾与达·芬奇在米兰相遇，当时的达·芬奇主要为法国贵族查尔斯·昂布瓦斯和路易十二工作。毫无疑问，达·芬奇的博识及高雅的艺术品位，使其毫无疑义地成为组织宫廷演出、竞赛、歌剧及戏剧的最佳人选。

　　对于这一点，达·芬奇在 1508 年给查尔斯·昂布瓦斯的一封信（收藏于《大西洋古抄本》图册中，编号为 317r-B[872r]）中写道："乐器是给我们基督徒国王带来极大乐趣的物品。"[2] 达·芬奇在信中还表明了自己愿意为路易十二实现艺术、建筑、各种能给人带来惊奇感受的机械装置（如喷泉、创新机械、乐器、齿轮、气动、液压、钟表自动运行装置），也包括设计戏剧表演用的临时建筑及装饰。正是这段为法国皇室服务的经历使得达·芬奇可以运用其学识，无论是在机械学、气动学、钟表学、工程学还是在舞台布景等方面，创造出了融合当时顶尖科技的"法兰西工程"作品。

　　达·芬奇在佛罗伦萨所获取的戏剧舞台布置经验只能因地制宜地应用。佛罗伦萨当地有组织重大节庆活动，特别是宗教性质的节日活动的传统，布鲁内莱斯基是当时佛罗伦萨最有影响力的节庆活动策划者，他精通钟表原理，是科学仪器、奇特装置的发明家，其发明创造每年都被用于圣菲利斯教堂（San Felice In Piazza）举行的天使报喜节[3]，以及圣玛利亚大教堂举行的耶稣升天节的庆祝中。

在受教于韦罗基奥时期，达·芬奇就已经开始组织节庆活动了。1475 年，达·芬奇与韦罗基奥共同完成了《维纳斯与爱情》的草图，以表达对维纳斯的崇敬之情，这也是为朱利亚诺·德·美第奇骑兵竞技场而设计的旗帜图案的唯一证据。

机械的天堂

　　达·芬奇在米兰为斯福尔扎工作期间，被委以节庆活动、戏剧表演组织者和总指导的重任。这一史实已由历史学家保罗·乔维奥所确认。达·芬奇将诗人贝纳多·贝里切尼（Bernardo Bellincione）撰写的《极乐天堂》搬上了舞台，这是他作为场景设计师的首次经验，始于加莱亚佐·玛丽亚·斯福尔扎与亚拉冈的伊莎贝拉（Isabelle D'Aragon）的新婚庆典活动。[4] 早在 1493 年，在第一部于米兰出版的名称为《幽默机智的佛罗伦萨诗人贝纳多·贝里切尼的韵律》一书中，达·芬奇就被赞誉为"佛罗伦萨的呼唤（Apelle De Florence）"或伟大的舞台布景师，并不是源自偶然。"《极乐天堂》或可称之为《盛宴》，是斯福尔扎为其夫人伊莎贝拉筹备的，之所以称之为盛宴，是因为它诞生自佛罗伦萨伟大的艺术天才达·芬奇之手。所有的球体、旋转的飞星，根据诗人所描述的形式和衣服，由演员呈现出来，表达着对伊莎贝拉的赞颂。"[5]

　　我们可以想象出达·芬奇创造的精巧、新颖的机械装置，装饰演出空间的奢华布景，以及它们带给人们的惊艳。通过埃斯特（Este）大使对庆典充满激情的描述，我们眼前仿佛浮现出达·芬奇设想的复杂舞台布景：演员们位于墙壁凹进处装扮成天使或者星球，他们围绕着木星旋转。灯光及音效设计为表演在视觉和听觉上创造了非凡效果，达·芬奇在蜡烛发出星点亮光的地方安置了烫金反射面以便产生漫射的微光。舞台装置的创新点在于通过灯光及音效设计来突出由演员所扮演的星球。此装置的引人入胜之处在于其所营造的奇特舞台氛围：处于完全黑暗状态下的舞台突然由不断变换的灯光唤醒，闪烁的灯光透过落地窗玻璃在舞台空间的隔墙上产生与之相呼应的阴影。灯光与阴影的变换节奏与逐渐加强的歌声、乐器音乐和谐地配合。这一庆祝活动是在晚上，在占星师安布罗焦·达·罗萨特（Ambrogio Da Rosate）所推算的吉时举行的。

达·芬奇使用阿尔伯蒂在《建筑艺术》中描述的维特鲁威建筑模型，将身份高贵的观众安排在高处看台，在看台周围的其他席位则是严格按照社会等级安排。为演出提供音乐伴奏的乐师被安排在离看台有一定距离的敞廊。达·芬奇组织的这场表演获得了前所未有的成功，当时在米兰的所有人都记得这场演出，以至于斯福尔扎公爵的主事巴托洛梅奥·卡尔科（Bartolomeo Calco）评论说："达·芬奇创造的这些机械装置仿佛将木星神奇地挪移到了地球上。"一年后，宫廷着手准备卢多维科·斯福尔扎、贝亚特丽切·德斯特以及阿方索一世·德斯特、安娜·玛丽亚·斯福尔扎的双婚礼庆祝活动。

1491 年 1 月 24 日，巴托洛梅奥·卡尔科将斯福尔扎城堡的装饰重任交给了达·芬奇。两天之后，如 Ms.C 中编号为 F.15 中的文件所记载，[6]达·芬奇收到了加莱亚佐·桑塞韦里诺（Galeazzo Sanseverino）的聘请，为其婚礼策划演出。根据亚拉冈（Aragon）的埃莉诺（éléonore）的记载，演出中的演员装扮成原始人以便营造人类历史初期的故事背景，坐在凯旋战车上的加利亚佐·桑塞韦里诺带领由十位乐师与十位骑士组成的骑兵队伍。骑兵表演以主角的胜利收尾，伴随一首由贝里切尼专门为婚礼所创作的歌颂永生的赞美诗。根据特里斯塔诺·卡尔科（Tristano Calco）[7]的记载及一封写给红衣主教维斯孔蒂（Visconti）[8]的信中的描述，演员身穿由羽毛及金子制成的服装组成队伍，队伍后面的桑塞韦里诺坐在装饰有孔雀羽毛及金制鳞片的马鞍上。我们可以在"阿伦德尔手稿"编号为 F.250

的草图中看到用孔雀羽毛装饰的头盔旁，身穿竞技服饰的骑士及其文字描述。

纽约大都会艺术博物馆珍藏有一些研究资料涉及达·芬奇为演出所做的准备性工作，是达·芬奇为主事巴尔达萨雷·塔科内(Baldassare Taccone) 撰写，这些资料表明，1496 年 1 月 31 日米兰，达·芬奇为喜剧《达纳（ Danaé ）》所设计的舞台布景及服装设计。该喜剧是为加莱亚佐的哥哥乔万·弗朗切斯科·桑塞韦里诺（ Giovan Francesco Sanseverino ）表演，地点在他的住所附近[9]，剧情刻画了达纳真挚感人的爱情，她的爱人为了她最终化身为木星的故事。因为剧情同时发生在陆地上及天空中，达·芬奇设计了能使演员在空中"飞翔"的机械装置。在图纸中，可以看到让椭圆形发光光圈悬浮在空中的装置，演员借助这一光圈在舞台上出现或消失，伴随繁星闪烁的灯光效果，奥林匹斯众神从舞台上方降下。虽然这些演员是悬空表演，但他们借助于达·芬奇设计的绞车和滑轮系统可以自由活动。达·芬奇根据剧情安排详细注明了表演的整个流程，包括演员名字及看台布局，正如《大西洋古抄本》中编号为 F.214r-H 及编号为 214v-C [571ii-R] 文件所示。根据塔科尼的记载，达·芬奇还精心安排了乐师的位置，使他们能够不被观众发现。

幕间歌舞节目：
动画和"奇特"作品

除了为特殊节庆场合而专门排演的舞台作品，达·芬奇也通过戏剧以外的演出形式为宫廷营造惊喜和欢愉的氛围。他设想以"疯狂或狂怒的形式"表演寓言、笑话、粗野而生动的格言、谜语及预言等娱乐活动。

达·芬奇对音乐的兴趣并不局限于戏剧演出和乐团演奏配合，在传记作家们看来，他拥有成为音乐家的天分：达·芬奇的好友卢卡·帕西奥里在《德·迪维娜比例（Divina Proportione）》一书中盛赞达·芬奇的音乐才华[10]；乔维奥（Giovio）证实达·芬奇可以一边弹奏七弦琴，一边进行优美的演唱；阿诺尼莫·加迪亚诺（Anonimo Gaddiano）指出达·芬奇善于朗诵并且还曾教授亚特兰大·密里约洛蒂（Atalante Migliorotti）这方面的技巧；瓦萨里则证实："达·芬奇曾创作了许多音乐作品，他很早就开始学习七弦琴，精神高贵、饱满，仿佛他的天性，他的即兴演唱十分优美。"[11]

达·芬奇还曾发明乐器，他最早发明的是银质七弦琴，在去往斯福尔扎宫廷时，达·芬奇便随身携带这一乐器。瓦萨里描述该乐器造型奇特，琴身如马头，琴声和谐悠扬且比歌声更具穿透力，这也是为什么达·芬奇超越了其他所有有意在斯福尔扎宫廷演奏的乐师[12]的原因。他还发明了《马德里手稿 II》F.96r 中记载的风笛和管风琴、在 Cod.Atl.,361 R-A [1106r] 中记载的长笛、在 Cod.Atl., F.218r-C[586r] 中记载的中提琴、在 Cod.Atl., F.38 R-B [93r] 中记载的键盘中提琴及在 Cod.Atl., F.306v-A[837r] 中记载的机械鼓。

达·芬奇在音乐领域的探索，一方面是受到了古代著作的启发，另一方面得益于他从 1484 年开始，不断向音乐家、米兰大教堂主管弗朗西努斯·加弗里乌斯虚心求教[13]，其目的在于提高歌唱表演伴奏的乐器音效质量。达·芬奇将音乐定义为"绘画的姐妹"，他也同样进行了专门的声学研究，探索以无音调间隔的乐器模拟人声的可能性。

大约在 1497 年，达·芬奇绘制了旋转舞台草图用于呈现表演，草图在《马德里手稿 I》编号为 F.110 的文件中。该设计受到古老的库里翁（Kourion）剧院的启发，与伊尼戈·琼斯（Inigo Jones）所建构的舞台类似，目的都是使同步演出成为可能。与此同时，达·芬奇对演出服饰的设计成就同样不容小觑。1637 年，在西皮奥·阿米哈多（Scipione Ammirato）评述托马索·马西尼（Tommaso Masini）〔也称佐罗阿斯特（Zoroastro）〕怪诞事迹的一段文字中描述道："托马索·马西尼后来常常与达·芬奇往来，达·芬奇为他特制了一件长袍，他因此在很长一段时间内被冠以"长袍"的绰号。"[14]达·芬奇设计的许多戏服图案都是花草，在佛罗伦萨的绘图作品中可以找到这些图案。

1504—1506 年，达·芬奇开始研究复杂的发型，这很有可能是受到了当时官廷女子流行发式的启发。在编号为 Rl 12515 的图纸上清晰标注着"可以摘戴而不损坏的发型"，这被认为是达·芬奇对女性发型的研究，即达·芬奇设计的是可以取下和重复使用的假发发套。我们由此可推断达·芬奇不仅负责设计服饰，也负责雅致及奇特的假发制作。

达·芬奇发明的物品范围之广令人惊奇，不仅包括精致的首饰，女装的编织或金属饰品，也包括大量自动装置，如拟人"机器"、金属狮、飞鸟及台式喷泉[15]。当时在里昂盛行的葡萄酒喷泉是财富和繁荣的象征，关于这一点从 1494 年流传到法国的与凯旋游行以及涉及仪式的编年史都给予了证明。正因如此，在 Cod.Atl. 中编号为 F.247r-A[669r] 的图纸中达·芬奇书写了对于水及葡萄酒的计算，同页还注释有"利尼备忘录"（Memorandum De Ligny）的字样，这个加密注释其实是与达·芬奇在罗马和那不勒斯陪同来自卢森堡的路易斯有关，是秘密使命。

台式喷泉，或称"希罗喷泉"，是当时非常稀有的物品，其工作原理是液体在气体压力作用下喷射，也就是一种气动装置，该气动装置的发明者是亚历山大港的希罗（Héron D'Alexandrie）——他当年凭借着这个装置一举成名。随着颂扬王权与贵族阶层的奢华、盛大的宫廷节日需要专用的临时布景，台式银质喷泉应运而生，根据装饰需要，其高度不超过 25 厘米。在达·芬奇绘制的草图中，台式喷泉形状与佛罗伦萨式喷泉的烛台形状相似，由两个古希腊水杯造形相互叠加，及一尊小雕像上的承水盘组成。除了运用台式喷泉，使用萨拉奇（Saracchi）工作室在 16 世纪制造的具有怪异动物造型的水晶制三角笛来演奏乐曲作为活动的前奏，成为当时庆祝场面的标配，关于这些活动的相关描述见于部分文字记录中。

来自锡耶纳的工程师们，特别是马里亚诺·迪·雅各布（Mariano Di Jacopo）、弗朗切斯科·迪·乔尔吉奥·马尔提尼（Francesco Di Giorgio Martini）及吉多西奥·科扎雷利（Guidoccio Cozzarelli）当时也开始研究台式喷泉的使用。科扎雷利曾是马尔提尼的合作者，也是著名的梅西特拉（Mescitrice）喷泉模型的发明者。

为法国皇室服务

1506 年，达·芬奇开始同法国皇室合作，首先为路易十二及查尔斯·昂布瓦斯工作，而后为弗朗索瓦一世服务。在为弗朗索瓦一世工作期间，达·芬奇貌似捕捉到了新灵感，在科技创新上颇有成就。花园中的喷泉也被应用于临时庆典中，以增添节庆氛围。达·芬奇设计的最为成功的花园喷泉是查尔斯·昂布瓦斯别墅花园中的喷泉，巨大液压驱动的钟表，以及顶端手持钟锤、配有机械装置的男子雕塑构成了该喷泉的主体，雕像还可以自动整点敲钟报时。

从编号为 F.13 的鸟瞰图中，我们可以发现，无论是台式或是花园喷泉式的奢华设计风格，达·芬奇都将喷泉设定为"庆典装置"，借助花园喷泉，在酷暑之际将山顶上的清凉白雪带到欢庆地点，使参与者清爽惬意。[16] 台式喷泉同样用于提升氛围并体现宴请方的高贵身份，它们通常被对称地安置在宴桌两端或是单独居中放置。艺术和科学在这些早期喷泉设计中得以完美融合，达·芬奇利用其精通的钟表机械运动原理实现了喷泉中自动装置的设计。

此外，达·芬奇还负责查尔斯·昂布瓦斯郊外别墅的建造，该别墅主要用于接待宾客及举办节庆活动，既考虑到了举办戏剧表演的需要，也满足了对喷泉及花园园景设计的需要。Cod.Atl. 中编号为 F.231V-A[629ii-V] 的文件记载表明当时在这一被称为"维纳斯之地"的别墅中发现了"喜剧小鸟"的装置。（图 75）

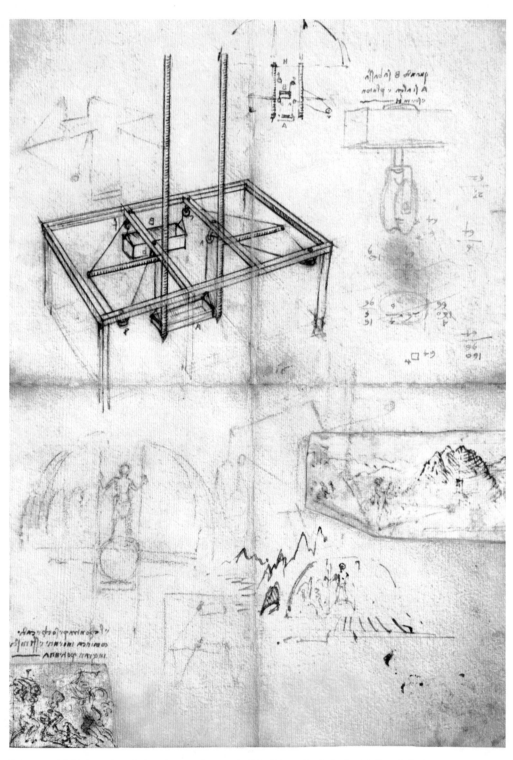

图76 列奥纳多·达·芬奇，机器研究以及奥菲斯的场面调度（《剧院作品集》）

图 75　图 76 局部图

　　虽然很难确定图 75 所对应的戏剧作品，但有资料表明——达·芬奇当时正在准备名为《奥菲斯》的戏剧表演[17]。《奥菲斯》或为波利奇亚诺创作于 1479 年至 1480 年的作品。达·芬奇排演这部剧之前，《奥菲斯》已有两次失败的排演经验。第一次是 1490 年 10 月，在马尔米罗洛(Marmirolo)，菲利普·拉帕奇尼(Filippo Lapaccini)和埃尔科勒·阿拉贝加提 (Ercole Albergati)〔亦称扎法拉诺 (Zafarano)〕为弗朗切斯科·贡扎加侯爵排演，米格里奥罗提 (Migliorotti) 被邀请担纲主角，但这一表演最终没有能够成功登台；贡扎加侯爵试图在 1491 年 5 月其岳父埃尔科莱一世·德斯特来访之际，将《奥菲斯》重新搬上舞台，但由于准备舞台布景的时间不足且米格里奥罗提无法及时赶到，表演依旧没能呈现。

　　卡洛·佩德雷蒂于 1999 年发现并公布出来的"剧情列表"，与达·芬奇在 1506—1508 年期间设计的流动舞台相关，在《阿伦德尔手稿》中同样可以找到与这一舞台设计相关的两张图纸。在编号为 F.224r 和 231v 文件的注释中，设计者诠释了舞台布景如何在戏剧表演中变化，这一信息同样反映在"剧情列表"中，其可以被看作是舞台搭建的说明书："A、B、C、D 是可以被展开的山脉布景，A、B 向 C、D 处移动，C、D 向 F 处移动，随后将观众视线引向 G 处，也就是冥王星宫殿。

163

当冥王星宫殿大门敞开时，恶魔将同时振响十二个器皿以象征地狱入口被开启，随后，死神、复仇女神、地狱看守犬塞伯拉斯、众多哭泣的裸体丘比特，以及不同颜色的火焰装饰纷纷呈现于舞台上 [18]。"图 76 展示了流动舞台的机械原理，由简单而灵巧的平衡重量系统构成，该装置的原理与用于挖掘的机械工作原理相似。示意图旁边的注释证明了它应用于戏剧表演领域："当 B 端下降 A 端上升，冥王星从 H 点出场。"冥王星应从地狱之门中突然出现，身边围绕着恶魔及复仇女神，以迎接来到地狱的俄耳甫斯，痴情的俄耳甫斯前往地狱的目的，即希望其妻子欧莉蒂斯（Eurydice）能起死回生。

收藏于温莎城堡，编号为 F.Rl 12585 的草图（图 77）中绘制了一个能够引起轰动的巨大生物造型，该造型有可能是 1508 年为查尔斯·昂布瓦斯而举行的盛大游行中的表演道具，头部为大象造型，象鼻用长笛代替，长长的翅膀折叠悬在鼓起的腹部，尾巴卷起。达·芬奇在这一造型创造中充分发挥了其想象力，其外形与 1516 年希罗尼穆斯·博斯在《干草车三联画》中绘制的生物外形相似。

1513—1515 年，达·芬奇在罗马短居。他和他的赞助人朱利亚诺·德·美第奇多次同行旅游。1515 年，也就是达·芬奇在罗马短居生活即将结束的时候，他完成了为迎接教皇来佛罗伦萨及博洛尼亚而举办庆祝活动所需的临时建筑结构的草图，该建筑结构借鉴了斯福尔扎城堡中公爵夫人消遣用的凉亭和迷宫设计。在佛罗伦萨，达·芬奇结识了同教皇一道而来的弗朗索瓦一世，弗朗索瓦一世向达·芬奇发出了到法国访问的邀请。

在这一作品多产期，达·芬奇最让人瞩目的是一件具有政治色彩的作品《雄狮》。这件作品由佛罗伦萨皇室家族为庆祝法国国王登基后进驻里昂而准备的礼物。如果说在达·芬奇的作品集中难以找到证明这一设计存在的痕迹，那么米开朗琪罗在对玛丽·德·美第奇女士

164

图 77　列奥纳多·达·芬奇，穿大象服装的男人

的幸福婚姻描述的文章中，为这一装置的存在提供了间接证据。1600年10月5日，为玛丽·德·美第奇与亨利四世婚礼而组织庆祝活动，文字描述中写道："博纳罗蒂证实，在婚宴庆祝活动中，宴桌上的这只机械雄狮迈着气宇轩昂的步伐走向坐在宴桌另一端的国王。不仅如此，当雄狮到达国王面前时，它将两只前爪举起露出胸膛，其胸口的小窗自动打开，藏在其中的百合花便散落出来。这一装置的机制与达·芬奇在里昂为佛罗伦萨皇室欢迎弗朗索瓦一世来访时设计的机械原理相同。"[19] 这一景象让在场的嘉宾惊讶不已，雄狮象征着佛罗伦萨美第奇家族与法国皇室的政治联姻。这一"可编程"的自动机械装置也成了达·芬奇创造新奇技术的代表。

达·芬奇在为法国皇室效力期间，同时负责节庆活动和剧目排演。有文字资料记载了达·芬奇在官方庆祝活动中使用了装置，如在1517年9月举行的洛伦佐·德·美第奇与马德莱娜·德·拉图尔·德韦涅的婚礼庆祝，1518年5月在昂布瓦斯举行的王储洗礼仪式庆典等。对于洗礼仪式庆典，达·芬奇设想了游行、骑兵竞技表演和马里尼亚诺战役的纪念表演等庆祝项目。在一封1518年5月16日写给查尔斯·昂布瓦斯的信中写道：斯塔齐奥·加迪奥（Stazio Gadio）向弗朗切斯科·贡扎加公爵描绘演了一个场景："在空旷的场地上，攻城军使用烟花和气球模拟展开对用纸浆建造的城堡的攻势，我们可以观察到数个用铁加箍的仿制迫击炮，它们用粉末和火来模仿射击，伴随着噼里啪啦的声音，气球从天而降，落在地上随后弹起。这种效果归功于达·芬奇对奇特装置的发明以及与对演出的巧妙编排，在确保安全的条件下，充分营造了节日气氛。"[20]

我们可以将这一描述与另一幅早期图纸（《大西洋古抄本》中编号为294r的图纸）联系起来，图纸上绘有发射大型球状炮弹的武器。图纸中还展示了这一武器的威力，但我们可获取到的信息非常有限。

除了布景之外，不难想象达·芬奇对表现权力的如头盔、盾牌、利剑、服装及其他舞台用具同样进行了精心的设计和加工，这组绘图表明了他在装饰方面已经形成了自己特有的设计语言。

在法国期间，达·芬奇受到法国皇室的邀请参与部分建筑设计。也就是在与弗朗索瓦一世接触期间，达·芬奇加强了通过临时性舞台作品对贵族形象进行"美化"的艺术表达方式的使用。这些短暂却异常精彩的舞台作品与手稿集封面内侧著名的"腾飞预言"相呼应："这只大鸟将开始它的第一次飞行，由伟大的西塞罗承托着，整个宇宙都将为之震惊，通过其所有的成就，大鸟将永恒荣耀其家族。"[21]

从佛罗伦萨出发，首先短居于米兰，随后来到法国，达·芬奇始终遵循其"诗歌如同绘画"的格言及由亚里士多德定义的准则，并将其从政治语境中抽离，创造性地运用于舞台视觉布景中，是对法国的自由精神、繁荣及高雅的歌颂，这些伟大的舞台设计作品令达·芬奇的名字永久载于史册。

注释

1. "他为人和蔼可亲，慷慨大方，富有才华，外表英俊；他是一位出色的戏剧评论家和创作家，同时他自己也经常在七弦琴的伴奏下演唱。他的歌声优美，受到当时许多王室成员的青睐和邀请。"保罗·乔维奥（Paolo Giovio），幻想曲，贝尔特拉米（Beltrami）1919，第258号。
2. "可以使我们信奉基督教的国王感到愉悦的工具和事物。"
3. 在1439年主教会议中，苏兹达尔（Souzdal）东正教主教亚伯拉罕（Abraham）所给出的著名证词。
4. 关于达·芬奇在贝利切尼《极乐天堂》的表演装置和相关文件参见：索尔米（Solmi）1904；安杰利洛（Angelillo）1979；蒂索尼·本韦奴蒂（Tissoni Benvenuti）1983；马佐基·道格利奥（Mazzocchi Doglio）1983；洛佩兹（Lopez）1982，第58页至71页；第45页至50页；令人愉悦的戏剧表演（I Dilettevoli Teatrali Spettacoli）2018。
5. 《极乐天堂》，或可称之为《盛宴》，是斯福尔扎为其夫人伊莎贝拉筹备的，之所以称之为"盛宴"，因为它诞生自佛罗伦萨伟大的艺术天才达·芬奇之手，所有的球体、旋转的飞星，根据诗人所描述的形式和衣服，由演员表演了出来，表达着对伊莎贝拉的赞颂。"

6. "在接下来的第 26 天，我在梅塞尔·加莱佐·达·圣塞韦里诺（Messer Galeazzo Da Sanseverino）的聚会场景上让某些工作人员更换服装，阿科莫（Iacomo）入场，在成堆的衣物中找到并拿走了我衣服兜里的第纳尔（Dinari）银币。"

7. 卡尔奇（Chalci）1644，第 94 页至 95 页。

8. 在波罗（Porro）1882，在第 483 页可以找到描述演出的信件及节日名称等相关信息。

9. 有关塔科内（Taccone）参见：赫菲尔德（Herfeld）1922 年研究成果；施泰尼茨（Steinitz）1964 年研究成果。

10. "十分有天赋的里拉琴演奏家，曾是亚特兰大·密里约洛蒂（Atalante Migliorotti）的演奏老师。"

11. "乐器伴奏对于歌剧演出效果具有很大影响，他下决心学习弹奏七弦琴，因为七弦琴与竖琴一样音色自然且充满优雅气息：可以很好地衬托出神圣感。"

12. "乐器造型奇特，琴身如马头，琴声和谐悠扬且比歌声更有穿透力；这也是为什么达·芬奇超越了所有其他有意在斯福尔扎宫廷演奏的乐师。"

13. 《天使与神之曲（Angelicum Ad Divinum Opus）》以及《练习曲（Practica Musicae）》的作者。

14. "他（指的是托马索·马西尼）后来常常与达·芬奇来往，达·芬奇为他特制了一件长袍，他也因此在很长一段时间内被冠以"长袍"的外号（Si Mise Poi Con Lionardo Vinci, Il Qual Gli Fece Una Veste Di Gallozzole, Onde Fu Per Un Gran Tempo Nominat Il Gallozzolo）。"

15. 对于自动机械技术，参见塔利亚拉甘巴 2010；有关花园喷泉和桌上喷泉的详细描述，请参见塔格丽拉格姆巴（Taglialagamba）2016 年研究成果。

16. "借助花园喷泉，在酷暑之际将山顶上的清凉白雪带到欢庆地点，使参与者清爽惬意（Porterassi Neve D'Estate Ne' Lochi Caldi, Tolta Dall' Alte Cime De' Monti, E Si Lascierà Cadere Nelle Feste Delle Piazza Nel Tempo Dell' Estate）。"佩德雷蒂（Pedretti）2010 年研究成果。

17. 请参阅斯滕茨 1949、1956；佩德雷蒂 1956；佩德雷蒂 1957；佩德雷蒂 1964；斯滕茨 1970；佩德雷蒂 1972；佩德雷蒂 1978；一百张图纸 2014，注释 100；令人愉快的戏剧表演 2018。关于达·芬奇为《奥菲斯》而进行的创作，参见：施泰尼茨（Steinitz）1949；马里诺尼（Marinoni）1956；佩德雷蒂（Pedretti）1956；佩德雷蒂（Pedretti）1957；佩德雷蒂（Pedretti）1964；施泰尼茨（Steinitz）1970；佩德雷蒂（Pedretti）1972；佩德雷蒂（Pedretti）1978；图纸百张（I Cento Disegni）2014；令人愉悦的戏剧表演（I Dilettevoli Teatrali Spettacoli）2018。

18. "A、B、C、D 是可以被展开的山脉布景，A、B 向 C、D 处移动，C、D 向 F 处移动，随后观众视线引向 G 处，也就是冥王星宫殿。当冥王星宫殿大门敞开时，恶魔将同时振响十二个器皿以表明地狱入口的打开，随后是呈现在舞台上的死神、复仇女神、地狱看守犬塞伯拉斯（Cerbere）、众多哭泣的裸体丘比特，以及不同颜色的火焰装饰。"（意大利原文参见本书的法语版版本）

19. "在婚宴庆祝活动中，宴桌上的这只机械雄狮迈着气宇轩昂的步伐走向坐在宴桌另一端的国王。不仅如此，当雄狮到达国王面前时，它将两只前爪举起露出胸膛，其胸口的小窗自动打开，藏在其中的百合花便散落出来。这一装置的机制与达·芬奇在里昂为佛罗伦萨皇室欢迎弗朗索瓦一世来访时设计的机械原理相同。"（意大利原文参见本书的法语版版本）

20. "我们可以观察到数个用铁加箍的仿制迫击炮，它们用粉末和火来模仿射击；伴随着噼里啪啦的声音，气球从天而降，落在空地上随后弹起。这种效果归功于达·芬奇对奇特装置的发明与对演出的巧妙编排，在确保安全的条件下，充分营造了节日气氛。"（意大利原文参见本书的法语版版本）

21. "这只大鸟将开始它的第一次飞行，由伟大的西塞罗承托着，整个宇宙都将为之震惊，通过其所有的成就，大鸟将永恒荣耀其家族。"（意大利原文参见本书的法语版版本）

达·芬奇及其同时代的艺术家

萨宾娜·弗洛梅尔
（Sabine Frommel）

达·芬奇关注当时的艺术发展趋势并时常汲取其他艺术家作品中的艺术养分，并通过传统与新概念相结合的方式，进行个性化的艺术表达。思想开放的达·芬奇对世界充满好奇心，并渴望不断地丰富其见识，他是为王室家族重要成员工作的艺术家群体中最活跃的一位，这个艺术家群体同时也是当时建筑复兴的主要力量。

　　与其他艺术家一样，达·芬奇对古代罗马文化遗产表现出浓厚的兴趣。但是，达·芬奇与同时代的艺术家群体所采用的研究方法是不同的，达·芬奇也没有意愿将其分析方法发展成权威标准。由于文字资料的缺失，我们至今无法重现达·芬奇在建筑领域活动的历史背景，这就要求我们对其绘画作品进行深入研究，并且与和他同时代的其他建筑师的绘图进行横向比较。然而，这一分析过程非常复杂，一方面是由于对达·芬奇创作有影响的因素范围太广，另一方面是资料具有不连贯性，许多不重要的、暂时搁置的资料后来成为不可或缺的分析元素。

　　本章的目的在于展开新的分析视角，呈现出影响了达·芬奇艺术探索的人物及达·芬奇与他们之间的交流，这些内容对当代及后世艺术家的艺术之路具有深远影响。

从佛罗伦萨到米兰：
艺术灵感源的扩展

图 1　波焦阿卡亚诺府邸

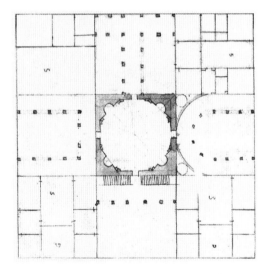

图 2　朱利亚诺·达·桑加洛，集中式别墅项目
（波焦阿卡亚诺项目）

在达·芬奇来到米兰之前，其事业初期曾与洛伦佐·德·美第奇等人保持联系。洛伦佐·德·美第奇当时正希望将居中平面式教堂建筑模型融入居所设计中以振兴建筑业，实现对住宅的"神圣化"转型及创立城市空间的全新设计方式。

1490 年，达·芬奇在米兰结识了弗朗切斯科·迪·乔尔吉奥，弗朗切斯科向达·芬奇解释了防御工事以及涉及住宅建筑论著中的内容，这些信息为达·芬奇的创作带来了新的启发[1]。1492 年，朱利亚诺·达·桑加洛在斯福尔扎宫廷短居期间，展示了其设计的位于波焦阿卡亚诺的美第奇别墅的木制模型[2]（图 1、图 2）。

见识了这一模型的达·芬奇，通过加深对阿尔伯蒂理论中的"房子中心位置"的理解，建立融合当地传统及古代多姆斯（Domus）住所结构的建筑模型，从而形成其居中平面式居所的设计理念。在朱利亚诺·达·桑加洛或弗朗切斯科·迪·乔尔吉奥构想的建筑模型的基础上，达·芬奇在整个文艺复兴时期的艺术变革环境中不断设计新的建筑变体，并在美第奇的支持下完成了对安德烈亚·曼特尼亚在曼图亚的住宅设计[3]（图60、图61）。

在设计位于布塞托（Busseto）的帕拉维奇尼（Ballabicini）别墅的过程中，达·芬奇通过研究完善系列建筑模型，使其不仅在理论上逐渐成熟，而且在实际几何体积构造方面具有实践性。[4]

通过相同的方式，达·芬奇根据当时建筑设计的主流风格对使用居中平面布局的教堂建筑开展了研究。在佛罗伦萨所获得的设计经验使得达·芬奇成为这一领域的领军人物。他的众多创新设计中，首屈一指的是圣母百花圣殿及其巨大的圆顶结构，通过达·芬奇的大量草图，我们可以感受到他在佛罗伦萨的生活经历对其设计风格的影响。这一影响同样体现在达·芬奇对米兰大教堂的圆顶设计中所采用的双顶构造[5]（图6），由于不同于当地传统建筑风格，还引起了当时建筑工人的不满。

达·芬奇的部分草图将古罗马的建筑模型与天主教建筑的传统风格创新性地结合了起来。[6]在这些建筑草图中，达·芬奇加绘了基督教徒，他们聚集在位于穹顶下方交叉甬道的祭台周围，坐在罗马圆形露天竞技场阶梯形的台阶上。建筑的内部格局旨在将讲坛位置与建筑的几何结构中心重叠起来[7]（图16）。尽管我们注意到了建筑设计所反映出来的风格转变，但达·芬奇从教堂理想结构模型向居中平面布局模型转型的设计思路此时还没有非常明确地表达出来。[8]

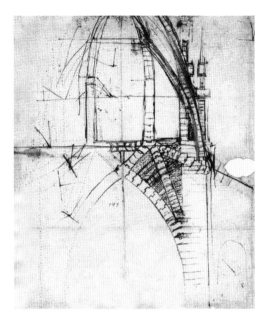

图 6 列奥纳多·达·芬奇，柱子、交叉甬道、上方、双帽状拱顶的投影剖面图

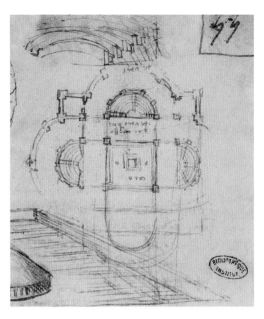

图 16 列奥纳多·达·芬奇，带有台阶、半圆形后殿的十字形教堂布局图

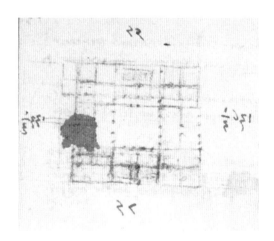

图 61 列奥纳多·达·芬奇，宫廷以及方形平面图的别墅项目

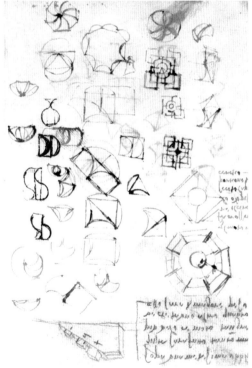

图 60 列奥纳多·达·芬奇，集中式别墅研究

173

达·芬奇在罗马的三次短居：
创作、交流及影响

1501年3月20日，达·芬奇正在罗马及周边城市旅居。[9] 自1499年就居住在罗马的伯拉孟特此时正在研究古罗马的文化运动并惊喜地发现了哈德良别墅遗址。事实上，伯拉孟特设计的金山圣伯多禄堂的小圣殿融合了属于帝王的私人居所组成部分的海事剧院及残留的灶神庙。[10] 尽管达·芬奇从未表达出其对古罗马建筑遗迹的兴趣，但有证据表明，达·芬奇有可能与伯拉孟特一同探索了哈德良别墅遗址。

在鸟类飞行手稿封底上（同时记录有伯拉孟特设计的卡普里尼宫建筑细节），1505年4月15日的文字记载及同年4月30日的消费记录（将整包衣物运到罗马的运输费用）都说明了达·芬奇曾在罗马的第二次短居时间。尽管我们缺乏更加详细的证明资料，但与此次旅居有直接联系的建筑工程的历史事件是有所记录的，这些也可以算作间接的证明。[11] 1505年4月28日，米开朗琪罗被指定负责尤利乌斯二世墓的建造。[12] 与此同时，伯拉孟特说服了教皇使用居中平面布局重新设计建造"所罗门圣殿"，平面图中对应的也就是未来的圣彼得大教堂。[13] 教皇采纳了该设计方案后，命人打造了相应的建基圣牌。[14] 借鉴了佛罗伦萨大教堂的壮观布景，纪念雕像位于教堂祭坛处，祭台位于穹顶正下方。当达·芬奇到罗马时，建筑方案的争论焦点已经进入决策阶段，由朱利亚诺·达·桑加洛设想的紧邻圣彼得大教堂建立独立纪念碑的方案已经被彻底否决。[15] 我们推断教皇可能向达·芬奇咨询过伯拉孟特设计方案的意见，因为达·芬奇被看作是15世纪对居中平面式教堂建筑理论研究最为深入和系统的建筑师。[16] 伯拉孟特在其设计中参考了达·芬奇提出的结构理论，从他的建筑图纸中我们可以感受到他与故友共同验证并完善建筑模型特性的欣喜与动力。此外，这一模式已在15世纪不少重要建筑工程中得到了应用。在圣彼得大教堂建造的过程中，建造方同样咨询了其他建筑师如乔瓦尼·焦孔多及朱利亚诺·达·桑加洛等人的意见。[17]达·芬奇对圣彼得大教堂建造工程的参与，解释了伯拉孟特绘制的平面图Gdsu I及达·芬奇Ms.B部分草图存在相似性的原因[18]（图16、图18）。此外，达·芬奇肯定并推荐的居中平面布局的应用，强化了伯拉孟特在这位担任宗教职务、拥有众多信徒的尤利乌斯二世心中的地位。1506年，尤利乌斯二世确定了采用居中平面布局建造圣彼得大教堂的方案。[19]

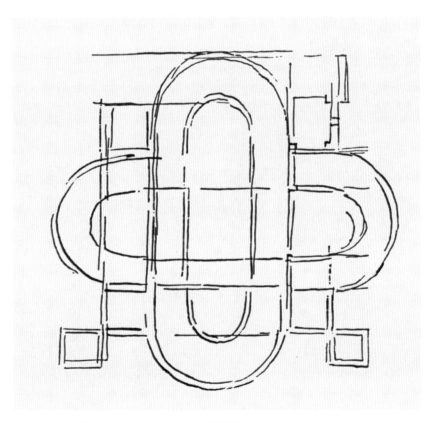

图18 列奥纳多·达·芬奇，十字形平面图

175

如上文所述，1505 年春，达·芬奇在罗马的短居使得其在绘图表达上有所改变，这一变化从鸟类飞行手稿封底上可以观察到，而引起这一转变的主要原因是朱利亚诺·达·桑加洛对圣彼得广场看台及圣天使城堡结构的设计[20]（图 66）。

达·芬奇在米兰第二次短居期间为吉安·贾科莫·特里武尔齐奥设计的雕像作品，某种程度上风格也辐射了米开朗琪罗为尤利乌斯二世墓设计的人物造型[21]（图 24）。

达·芬奇见到了眺望楼庭院建筑施工初期的工地现场，这一经历有可能促使他利用有规律的跨度设计罗马凯旋门结构[22]（图 73）来替代具有 15 世纪风格的建筑模型。因为达·芬奇对楼梯结构设计情有独钟，所以他曾有可能针对眺望楼别墅的楼梯结构设计向伯拉孟特提出过相应建议。此外，我们还可以从达·芬奇的第三次罗马短居期间绘制的一张草图（见《大西洋古抄本》F.659v[242]）中找到佐证。

图 73 列奥纳多·达·芬奇，外观的间隔交替表现以及升高式集中结构

176

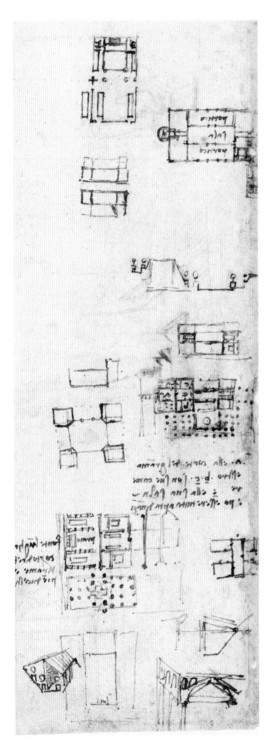

图 24　列奥纳多·达·芬奇，吉安·贾科莫·特里武尔齐奥丧葬纪念碑研究

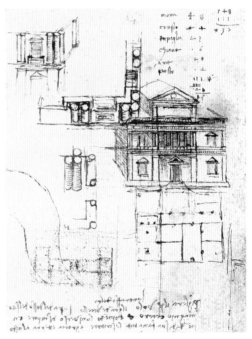

图 22　列奥纳多·达·芬奇，查尔斯·昂布瓦斯项目

图 66　列奥纳多·达·芬奇，宫殿透视表现，住宅图，罗马的卡普里尼宫细节

在居所设计方面，达·芬奇对包含柱廊及突出结构的长形建筑物模型的兴趣逐渐显示出来（图22、图70）。有可能他见到的巴尔达萨雷·佩鲁齐为阿戈斯蒂诺·基吉设计的郊区别墅草图也就是未来的法尔内西纳别墅草图，这一建筑工程自1506年开始动工。[23] 该设计参考了众多建筑项目，且与阿戈斯蒂诺·基吉的兄弟[24]在塞纳周边地区的德勒沃尔特别墅（Villa Delle Volte）的风格相似。

很难排除这一设计与鸟类飞行手稿封底的早于施工时间的建筑草图毫无关系：建筑正面和侧面都有明显的凸出结构，且两侧有巨大柱廊（图66）。除此之外，建筑内部宽敞的社交空间与私人空间之间的对比也十分突出，相对于传统的居中平面布局，这一结构为居住者的生活提供了较强的舒适感。查尔斯·昂布瓦斯住宅使用的正是这一布局，其本人对这一设计风格也必定是极为满意的[25]（图22）。

达·芬奇对建筑艺术的影响在其1513—1516年间第三次短居米兰时逐渐表现了出来。在这期间，他见证了圣彼得大教堂建造工程的进展，接触了特别是巴尔达西尼官（Palais Baldassini）与法尔内塞官等新官殿建筑模型以及最新的柱头式样，例如伯拉孟特设计的罗马法院官中使用的巨大壁柱。[26] 根据瓦萨里的描述：达·芬奇非常喜欢展示其设计，他很有可能向他人展示了其对位于佛罗伦萨的圣洛伦佐广场重建项目的设计图纸（《大西洋古抄本》F.315r-B [865r]），这一设计本应作为不久之后对纪念碑表面设计的参赛作品[27]（图29）。

由此推断，许多达·芬奇未能保存下来的草图中呈现的设计思路也引起了有意振兴罗马的洛伦佐·德·美第奇的儿子吉恩·德·美第奇的注意。当安东尼奥·达·桑加洛在1540年开始修建法拉第别墅（La Villa Ferretti Gdsu 976ar）时，他似乎受到了"拉尔加（Larga）式"美第奇官殿结构的影响，即整体为巨大正方体、中心为八角形大殿布局的结构[28]（图32）。

178

图25 列奥纳多·达·芬奇，梅尔齐别墅重
建项目，外观以及建筑前方

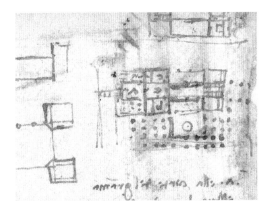

图70 列奥纳多·达·芬奇，查尔斯·昂布瓦
斯项目

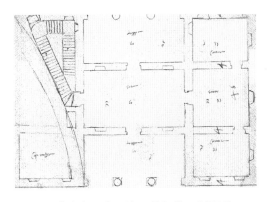

图78 小安东尼奥·达·桑加洛，别墅项目

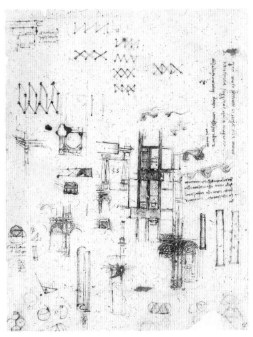

图29 列奥纳多·达·芬奇，佛罗伦萨圣洛伦
佐大教堂前的广场重建项目

图32 列奥纳多·达·芬奇，城堡以及罗莫朗
坦新区域，双侧水渠

这并不是安东尼奥借用达·芬奇的设计思路并在其基础上进行设计的唯一结构模型。在同一时代，在对一个无法考证的别墅的设计中，安东尼采用了两侧设有柱廊的长形中央大厅的延伸平面布局，这与查尔斯·昂布瓦斯别墅的布局原理相同[29]（图70、图78）。

位于菲索尔附近的融入自然景观中的八角形别墅（Gdsu 793ar）建筑，除了与达·芬奇设计的罗莫朗坦城堡[30]草图（图30右下方）中展示的八角形宫殿建筑相似之外，与历史中的其他建筑毫无相似之处。从罗莫朗坦城堡的设计中我们可以看出第二次文艺复兴对达·芬奇及其对有关外观规则性建筑模型研究的影响（图25）。

图30　列奥纳多·达·芬奇，罗莫朗坦城堡以及新城项目

180

包含防御工事的别墅建筑：
弗朗切斯科·迪·乔尔吉奥、列奥纳多·达·芬奇、
巴尔达萨雷·佩鲁齐

在锡耶纳的作品中记录着达·芬奇与巴尔达萨雷·佩鲁齐于 1505 年春天在罗马曾有交流。16 世纪 20 年代后期，巴尔达萨雷·佩鲁齐似乎临摹了达·芬奇为查尔斯·昂布瓦斯所设计的别墅草图上的建筑平面图（图 22，左侧），并根据由朱利亚诺·达·桑加洛与达·芬奇推行的将住宅建筑"神圣化"的设计思路，[31] 绘制了一幅含有拱形楣及顶楼的住宅建筑图（Gdsu 424ar）。达·芬奇极有可能与巴尔达萨雷·佩鲁齐就有关防御工事别墅的混合建筑模型进行过交流，这一模型融合了相互矛盾的军事建筑与私人住宅建筑的特点。

达·芬奇笔下的此类建筑充满魅力，建筑高处的防御工事结构通常使用可以观景的露台、凉亭及平台等进行修饰，使建筑线条充满了多样性和活力[32]（图 79）。达·芬奇为此类结构设想了木制穹顶，造型与伯拉孟特在 1507—1508 年设计的梵蒂冈波吉亚塔（La Tour Borgia）的拱顶结构相同。

达·芬奇第三次短居罗马期间构思的平面图展示了其新颖的设计思路，与别墅楼梯结构草图毗邻（《大西洋古抄本》F.242v-A [659v]）。图中绘有与圆柱交替布局的巨大角楼，连续的拱廊结构与后期位于法国的香波尔城堡设计初稿十分相似。针对香波尔城堡设计初稿而展开的研究主要依据是由多米尼克·德·科托内根据木质模型画的平面图。[33]

在 1527 年罗马之劫后，社会的动荡不安刺激了人们对防御性建筑的需求，巴尔达萨雷·佩鲁齐专门构思了一系列满足这一需求的建筑模

图 79　列奥纳多·达·芬奇，带有观景台的城堡，以及《最后的晚餐》中的圣约翰的研究

型, 很有可能是受赞助人委托而进行的。他参照导师弗朗切斯科·迪·乔尔吉奥的建筑图纸 （Gdsu 336ar）进行设计，建筑的两侧设有封闭式平台，并在每侧平台的角落建造堡垒。[34] 除了参照这一建筑模型外，佩鲁齐似乎对达·芬奇的居中平面布局设计及运用双柱廊的长形结构住宅设计都十分倾心。

在达·芬奇的居中平面布局结构基础上进行略微改动就可以获得合理的包含防御工事的别墅建筑模型：建筑内部空间为正方形，并在各角建造堡垒（Gdsu 2069ar）[35]（图 80）。

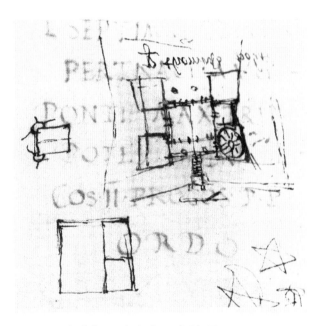

图 80 巴尔达萨雷·佩鲁齐，别墅加固

巴尔达萨雷·佩鲁齐采用相同的方式，通过将建筑模型前部的突出结构转变为包含堡垒的塔状结构，对原有住宅建筑进行"军事化转型"。[36] 拥有此类住宅的房主因此不必舍弃原有别墅建筑设计所带来的舒适感和便利性，同时还可以利用防御系统来抵抗可能的袭击。然而，此处所描述的防御系统只是象征性的，因为该系统很难在整体开放建筑模型中有效发挥其防卫作用。

佛罗伦萨设计圈

达·芬奇、朱利亚诺·达·桑加洛和米开朗琪罗这三位来自佛罗伦萨的大师，虽然在洛伦佐·德·美第奇圈子中的地位与影响力各异，但三人之间保持着深厚的友情。此外，小安东尼奥·达·桑加洛，尽管受到其舅舅们，即朱利亚诺·达·桑加洛与老安东尼奥·达·桑加洛的影响，却热衷于使用达·芬奇所设计的建筑模型[37]（图78、图81）。

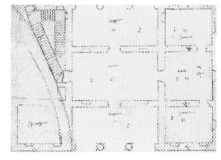

图 78　小安东尼奥·达·桑加洛，别墅项目

达·芬奇与米开朗琪罗在交流的过程中也存在过争吵，米开朗琪罗在对达·芬奇为设计弗朗切斯科·斯福尔扎的骑马雕像所遇到的技术困难提供的可能性解决方案时表现出的态度，令众人尴尬。尽管如此，在 1513—1516 年短居罗马期间，达·芬奇为设计尤利乌斯二世墓室项目的米开朗琪罗提出了很多建议，他建议扭转摩西的头部以使其面部表情更具有张力。[38] 相比之下，米

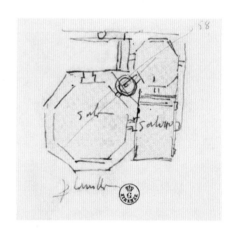

图 81　小安东尼奥·达·桑加洛，法拉第别墅项目

开朗琪罗与朱利亚诺·达·桑加洛之间的关系更为融洽，并且他从朱利亚诺·达·桑加洛的众多建筑设计中汲取创作灵感，如朱利亚诺·达·桑加洛为佛罗伦萨大教堂设计的穹顶结构。[39] 无论是直接或间接的交流，三位大师都对经典建筑结构进行了重新思考。当达·芬奇在 1515—1516 年对由三角形结构贯穿的分段弧形结

构组成的三角楣（《大西洋古抄本》279v–A [757v]）进行绘制时，他预想了一个米开朗琪罗可以在老楞佐图书馆设计中应用的结构基础 [40]（图73）。

这一结构超大比例的应用反映了凹凸结构的复杂性，这种复杂性在光线与阴影的对比中更加突出。对于老楞佐图书馆前厅的设计，米开朗琪罗对含在楼梯平台交汇的两条直坡的楼梯造型的不同设计方案进行了试验。[41] 在圣多纳托的奥古斯丁修道院中，达·芬奇绘制了《博士来朝》，在这两幅画中，甚至可见其对波焦阿卡亚诺别墅再构思的痕迹（图37、图40）。[42]

根据瓦洛里的记述，老楞佐图书馆是具有洛伦佐·德·美第奇自传色彩的、富有文化积淀的建筑，建于其出生地，并珍藏有他的书籍。[43] 佛罗伦萨设计圈涉及建筑领域的传统、习俗和神话，达·芬奇在这个不断交流、共同研究与革新的团体中扮演着至关重要的角色。

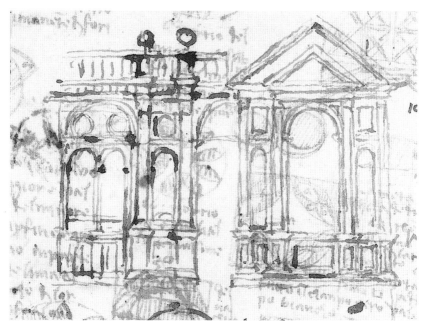

图73 列奥纳多·达·芬奇，外观的间隔交替表现以及升高式集中结构

图 37　列奥纳多·达·芬奇，《博士来朝》

图 40　列奥纳多·达·芬奇，《博士来朝》

186

注释

1. 佩德雷蒂（Pedretti）1995，第 196 页至 204 页；菲奥雷（Fiore）2017c，第 92 页至 94 页。

2. 弗洛梅尔（Frommel）S.2014，第 171 页〔德语版弗洛梅尔（Frommel）S.2019a，163 页〕。

3. 关于曼特尼亚（Mantegna）的别墅，参见菲奥雷（Fiore）2018，第 15 页至 29 页。朱利奥·罗马诺（Giulio Romano）同样表达了对居中住宅布局的青睐，罗马诺与其长期合作的艺术家一同提出了在《处鲁姆赞斯凯古抄本（Le Codex Chlumczanszky）》布拉格（Prague）中的丰富论证。详细内容请参阅大卫斯（Davis）51989，第 517 页至 518 页。

4. 关于帕拉维奇尼（Pallavicini）别墅，参见阿多尼（Adorni）1998，第 140 页至 146 页。

5. 参见本书中《米兰大教堂的灯笼式顶楼》一章。

6. 例如手稿 Ms.B，法兰西学院，F.52r，F.55r〔弗洛梅尔（Frommel）S.2019c，第 88 页至 89 页，第 90 页至 91 页〕。参见本书中《教堂的居中布局》一章。Ms.B(Paris)，F.52r，F.55r〔弗洛梅尔（Frommel）S.2019c，第 88 页至 89 页，第 90 页至 91 页〕。

7. 这些发明并非与绘画作品背道而驰，特别是在《博士来朝》（乌菲齐美术馆）中，艺术家将《圣经》中描述的破旧的木制结构与类似于寺庙的纪念性建筑遗址绘制在同一作品中，在《最后的晚餐》中，透视图交汇点与基督的面部位置相重合，绘画作品与宗教故事相呼应的创作细节在这个时代时常出现（《建筑艺术》2016）。

8. 例如，1532 年由彼埃德罗·安尼巴莱（Pietro Annibale）设计的位于科罗缅斯科（Kolomenskoe）的耶稣升天教堂（L'Eglise De L'Ascension）的平面图，以及约二十年后建成的伯拉仁诺教堂（Basile Le Bien-Heureux）。

9. 维切（Vecce）2001，第 174 页至 175 页（文学作品 1977，编号 1371）。参见本书中《达·芬奇与其赞助人》一章。

10. 弗洛梅尔（Frommel）C.L.2017a，第 128 页。

11. 维切（Vecce）1998，第 240 页。达·芬奇在意大利短居期间的活动很值得深入研究。1505 年，罗马对达·芬奇的艺术创作趋势产生了直接影响。因此，在圣奥诺弗里奥（Sant'Onofrio），博洛尼亚 Volonais 艺术家哈科波·里潘达（Jacopo Repanda）作品中的人物显然与圣母玛利亚感恩教堂（La Cene De Santa Maria Delle Grazie）的《最后的晚餐》相对应。

12. 弗洛梅尔（Frommel）C.L.2016b，第 24 页。

13. 弗洛梅尔（Frommel）C.L.1994a，第 403 页。

14. 复兴（Rinascimento）1994，Cat.284，第 603 页至 604 页。〔C.L. 弗洛梅尔（Frommel）〕

15. 弗洛梅尔（Frommel）S.2014，第 290 页至 292 页。〔法语版弗洛梅尔（Frommel）S.2019a，第 228 页至 229 页〕

16. 参见本书中《教堂的居中布局》一章。

17. 弗洛梅尔（Frommel）S.2014，第 290 页至 292 页。（法语版弗洛梅尔（Frommel）S.2019a，第 228 页至 229 页）。这一传统可以追溯到佛罗伦萨，佛罗伦萨纪念性建筑的赞助商邀请了不同设计师进行创作，并最终选用了最佳设计方案〔莱皮克（Lepik）1994〕。

18. 例如手稿 B，法兰西学院，F.55r〔海登赖希（Heydenreich）1934〕。参见本书中《教堂的居中布局》一章。

19. 弗洛梅尔（Frommel）C.L.1994a，1994，第 401 页至 417 页。

20. 弗洛梅尔（Frommel）S.2014，第 284 页至 290 页，第 294 页至 297 页。〔德语版弗洛梅尔（Frommel）S.2019a，第 225 页至 227 页，第 234 页至 236 页〕。

21. 参见本书中《丧葬纪念碑》一章。

22. 参见本书中《建筑语言：柱型运用》一章。

23. 建筑商是一位富有的银行家，在达·芬奇到访期间，他向达·芬奇征求建筑设计的建议。

24. 关于法尔内西纳（Farnesine）别墅，参见弗洛梅尔（Frommel）C.L. 1961。关于 La Villa Delle Vilte，参见菲奥雷（Fiore）1994。

25. 参见本书中《住宅：宫殿与别墅》一章。

26. 关于法院宫（Plalazzo Dei Tribunali），详细内容请参见弗洛梅尔（Frommel）C.L. 2002，第90页至94页。

27. 关于圣洛伦佐（San Lorenzo）广场改建工程，参见本书中《城市重建与理想家园》一章，〔费尔波（Firpo）1973，第110页；佩德雷蒂（Pedretti）1995，第19页，第251页；吉罗姆（Guillaume）1987，第274页至275页；弗洛梅尔（Frommel）S.2019c，第64页至65页〕。关于圣洛伦佐大教堂外立面设计的竞标的资料，请参见萨辛格（Satzinger）2011年研究成果。

28. 弗洛梅尔（Frommel）S.2019c，第175页至177页。该图还引用了弗朗切斯科·迪·乔尔吉奥（Francesco Di Giorg）设计的建筑原型（参见本书中《城市重建与理想家园》一章）。

29. 弗洛梅尔（Frommel）S.2019c，第180页至181页。从《处鲁姆赞斯凯古抄本（Le Codex Chlumczanszky）》（布拉格，国家博物馆图书馆，F.97v〔大卫斯（Davies）1989，第519页〕中的图纸也可以判断这一系统结构的发展趋向。

30. 弗洛梅尔（Frommel）S.2019c，第175页。同时参见本书中"达·芬奇在法国"一章。

31. 乌尔姆（Wurm）1984，第27页，第255页。这一设计方案中没有将阁楼结构立视图和山墙饰图示结合起来，而是采用了一种替代结构。

32. 参见本书中"住宅：宫殿与别墅"一章。

33. 费利比安（Felibien）设计了该模型，相关文件于17世纪末保存在布卢瓦（Blois）城堡中，参见本书中《达·芬奇在法国》一章。

34. 布恩斯（Burns）1994，第360页至361页；弗洛梅尔（Frommel）S.2005，334页，第360页至361页；弗洛梅尔（Frommel）S.2005，第334页。

35. 弗洛梅尔（Frommel）S.2019，第337页至338页。

36. 他最著名的建筑设计，建筑主体每侧都建有凉廊的设计图，目前保存在维也纳（国家图书馆，10935古抄本，F.136a.R）。另请参阅 Gdsu 616ar，14av，614av〔弗洛梅尔（Frommel）S.2005，第337页至344页，第599页至601页〕。

37. 对于别墅的最终设计方案，法拉帝和塞尔维诺（Cervino）证明波焦阿卡亚诺（Poggio A Caiano）府邸的模型仍然具有现实意义〔弗洛梅尔（Frommel）S.2019c，第177页至178页〕。

38. 弗洛梅尔（Frommel）S.L.2014b，第42页〔法语版弗洛梅尔（Frommel）S.2016b，第71页至72页〕。

39. 弗洛梅尔（Frommel）S.2019b，第71页至72页。

40. 参见本书中《绘画作品中的建筑》一章。

41. 弗洛梅尔（Frommel）S.2019c，第79页至80页。

42. 参见本书中《绘画作品中的建筑》一章。

43. 关于波焦阿卡亚诺（Poggio A Caiano）府邸，参见弗洛梅尔（Frommel）S.2014，第79页至80页〔德语版弗洛梅尔（Frommel）S.2019a，第90页至91页〕。

达·芬奇在法国

乔恩·吉罗姆
（Jean Guillaume）

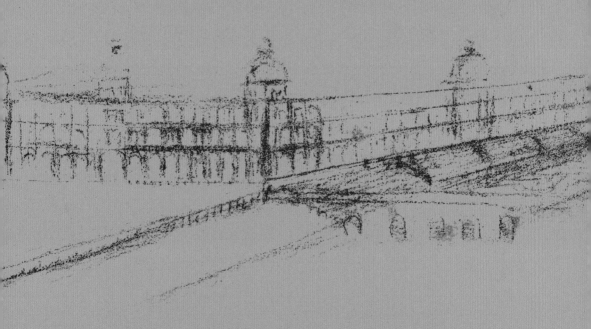

达·芬奇在法国取得了事业上巨大的成就，年轻的法国国王对建筑十分感兴趣，并非常欣赏达·芬奇的艺术天赋。弗朗索瓦一世作为马里尼亚诺战役的战胜方、米兰的征服者，年仅 21 岁。1515 年年末就向达·芬奇发出了邀请，1516 年 3 月，他再次向达·芬奇发出邀请："国王邀请达·芬奇至法国，并承诺达·芬奇将受到国王本人及国王母亲大人的热情招待。"[1] 几经犹豫，达·芬奇最后接受了弗朗索瓦一世的邀请。朱利亚诺·德·美第奇逝世后，达·芬奇在意大利皇室中失去了庇护，他希望能够通过在法国王室内找到一席之地来稳住自己在米兰皇室卢多维科·斯福尔扎和查尔斯·昂布瓦斯身边的位置。1516 年秋天，达·芬奇离开意大利，并随身带走了他的油画作品、草图、标满注释的作品集及大量书刊。他很可能是在 11 月到达法国的昂布瓦斯，而弗朗索瓦一世从 10 月 31 日就已经在昂布瓦斯静候达·芬奇了。[2]

罗莫朗坦

　　弗朗索瓦一世及其母亲都对达·芬奇的才华饱含期待，达·芬奇的首个建筑图纸是对路易丝的个人领地，即布卢瓦南部小城罗莫朗坦的新街区及新城堡的设计。[3] 1月5—8日，弗朗索瓦一世和达·芬奇一同来到罗莫朗坦考察并停留了几日，随后于1月14日启程返回巴黎。[4]

　　很有可能在这一时期，达·芬奇表达了他对城堡的最原始的设计理念（图31）。图中描绘了一座居中平面布局的，且四角由塔结构环绕的城堡，四塔塔顶为穹顶结构，第五个穹顶位于建筑整体的中心处。建筑通过交叉布局的开放性拱廊及环窗拱孔营造出立面结构的节奏感。建筑右侧有通往索尔德河的梯路，索尔德河上建有桥梁。

图31　列奥纳多·达·芬奇，罗莫朗坦城堡（第一个项目草图）

达·芬奇作为大型庆祝活动的策划者，毫无疑问考虑到了河流附近地理优势：从建筑侧面的拱廊及阶梯处，皇室内廷成员可以观赏在河流上举行的娱乐表演，他在罗莫朗坦城堡设计的平面图中对这一思路进行了描述（图33）。

居中平面布局与角塔结构的运用，在当时的意大利已颇为普遍，但在法国却尚属罕见。这表明达·芬奇的设计仍带有意大利风格，这在帕维亚城堡造型中可见一斑。此后，达·芬奇绘制的平面图也体现了对意大利建筑模型的应用：庭院四边的柱廊、层叠式楼梯及其在角落的位置布局。达·芬奇创作时，回忆了在来法国之前看见的正在建设的伯拉孟特的建筑设计：其设计图纸中有四条具有同等重要性的楼梯结构参照了罗马法院官的设计，城堡南侧立面相互叠加的凉廊结构则让人联想到宗座官（Loges Du Vatican）朝向梵蒂冈市区一面的立面结构。

想要理解达·芬奇的设计，有必要对上述平面图进行更为深入的分析，草图上有一系列标示凉廊的结构环绕角塔搭建的文字。在布卢瓦，刚刚登基王位的弗朗索瓦一世决定在中世纪城堡城墙的基础上修建游廊，与朝向花园的开放凉廊相结合，凉廊造型明显受到宗座官立面结构的启发，延伸的拱廊形成了环绕角塔的小径。[5]

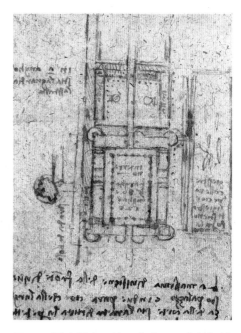

图33　列奥纳多·达·芬奇，罗莫朗坦城堡图

图32　列奥纳多·达·芬奇，城堡以及罗莫朗坦新区域，双侧水渠

192

在图 33 的城堡的设计中，达·芬奇使用了双子塔结构作为"入口小城堡"，替代了图 31 中位于入口处的塔结构，还在图 33 的左侧进行了详细注释。他也考虑过使用圆形角塔结构代替方形角塔结构，角塔内包含方形可居住的空间、窗户、烟囱及位于墙体最厚处的入口。

城堡总体平面图的设计受到了法国建筑风格的影响，结构设计严谨，前庭环绕延伸到新街区，在主要街道的中心徐徐展开，达·芬奇考虑在河对岸使用同样的轴布局（图 32）。

这一布局符合意大利建筑的设计规则，虽然这些规则在理想城市的设计图纸中有所体现，但在伯拉孟特设计丽城宫的巨大庭院之前，并不存在受这些设计规则启发而实际建造的新建筑作品。[6] 相反，这些设计原则决定了 15 世纪末建造的位于安茹（Anjou）的费杰城堡的整体造型（图 34）。有护城河环绕的主建筑拥有对称的入口立面及具有同等宽度并由护城河环绕的前庭，服务性建筑对称分布，草图中的林荫道通往河边。设计这一雄伟城堡的建筑师既是创造华丽建筑的大师，又是对完美规则性结构进行革新的先锋。

这座城堡在建成之初就非常著名，此后几年，还有一些意大利人慕名而来。[7] 达·芬奇在重修工程之前已经见过城堡草图，他也很有可能已经坐船前来参观过城堡。罗莫朗坦城堡与费杰城堡之间有一些相似之处，因为它们都基于两种建筑文化相互融合的基础之上，正如 1898 年盖默勒（Geymüller）描述的那样，但似乎没多少人阅读过盖默勒的分析。[8]

达·芬奇用充满好奇的眼光去观察法国的建筑，他总是将注意力集中在建筑结构的功能方面，图纸中有两个相互叠加的木制螺旋式楼梯，是根据罗莫朗坦地区人们使用楼梯的习惯设计的，在下楼时将手放在另一条线脚上，这才是符合罗莫朗坦地区人们使用楼梯的习惯。[9]

达·芬奇对用于城市住宅建筑的木构架的预制、组装同样富有兴趣：以木构架结构为基础，方便搭建，容易拆卸、搬运。受木构架结构优势的启发，他考虑将在此基础上建造谢尔河畔的自由城，使居民的房屋搬运到罗莫朗坦的新街区。[10]

达·芬奇面对新环境并没有感到不适，他在米兰时已经对哥特式建筑有所了解，并且比起严格遵循于立柱柱头模型，达·芬奇更加关注钻研建筑的功能性和实用性布局。他在罗莫朗坦建筑工程有关的草图旁绘制有宫殿立面草图，根根立柱的巨大柱头建在基座上，使我们曾错误地认为该草图是位于城堡不远处的森林狩猎小屋。

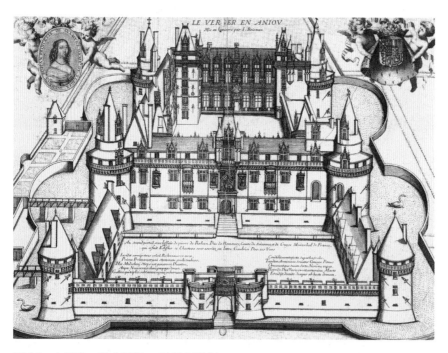

图 34　布瓦索，费杰城堡，17 世纪雕刻

香波尔城堡

1518 年，罗莫朗坦城堡项目被放弃，并且不久就被尚博尔城堡的建造项目所代替。该项目并非在城市入口处建造城堡及新城区，而是在布卢瓦附近的森林边缘处建造一座非凡建筑以见证法国国王的尊荣。[11]

尽管达·芬奇的草图中没有一幅是与该项目有关的，但我们仍然可以想见，作为国王钦佩的艺术家，他不可能完全"绝缘"于这一城堡的设计。在此项目中，他与另一位自查理八世时期就为国王服务的意大利建筑师多梅尼科·达·科尔托纳合作。多梅尼科·达·科尔托纳为此项目制造了木制建筑模型，他也是设计巴黎新市政厅的建筑师，设计风格别具一格。幸运的是，18 世纪后，有人依照他的设计模型绘制了图纸。（图 35）。

多梅尼科·达·科尔托纳将四座塔楼结合，形成了广场，这让人联想起文森城堡，并且在广场上嵌有一个十字形空间，这与众所周知的弗朗切斯科·迪·乔尔吉奥、达·芬奇、多梅尼科的城市建筑图纸存在着直接的联系。这些图纸中，楼梯通常占据十字空间的一个臂长。该建筑设计使用的是非完全居中的布局，通往上层空间的楼梯采用的是结构新颖的平行双坡道，且两个坡道都有通向建筑底层的通道。

此后，达·芬奇产生了新奇的设计思路，将楼梯设置在十字形空间的中心处，采用与布卢瓦城堡中所使用的敞开式螺旋楼梯相似的结构，目的在于使楼梯结构在这居中布局的建筑内部空间中从各个角度都可见，在此基础上，他使用相互叠加的四坡道，使楼梯直接通往十字形空间的上层。楼梯结构将占据十字布局中心的全部，且十字平面各空间之间只通过楼梯结构相连。这与他在米兰设计的位于方塔结构中心的四坡道旋转楼梯结构相似（图69）。该楼梯不再用于确保堡垒建筑结构的安全性，而是从楼梯使用者的角度进行设计。达·芬奇对它的功能性进行了改进，使行走在该楼梯上的人们并行时不会产生肢体接触。

达·芬奇在生命将尽之际，仍十分期待弗朗索瓦一世能够选择该设计，但最终弗朗索瓦一世保守地选择了占地空间更小且更加通透的双坡道螺旋式楼梯结构。尽管如此，这个结构如此简约的楼梯还是让五个世纪之后前来尚博尔城堡参观的游客们惊讶赞叹。

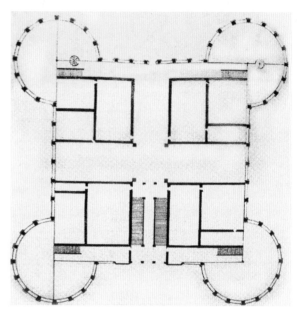

图 35 费利比安，香波尔城堡的第一项目图

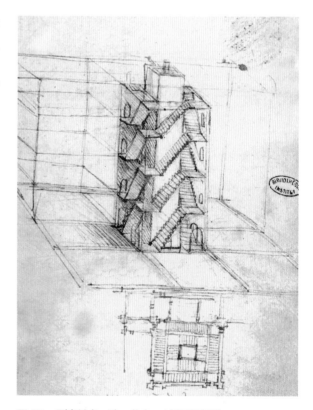

图 69 列奥纳多·达·芬奇，4 组相似楼梯

196

注释

1. 邦尼维（Bonnivet）撰写的信件，由简·萨默尔（Jan Sammer）发现，详见佩德雷蒂2012，第29页至33页。
2. 由 C.祖姆·科克（C.Zum Kolk）和 M.穆勒尔（M.Müller）编辑的弗朗索瓦一世的游访路线，可在 Cour De France.Fr 网站上查阅。
3. 海登赖希（Heydenreich）1952年研究成果证实，佩德雷蒂在1972年的研究成果中对达·芬奇的绘画进行了研究，我们已经就其中的部分结论进行了讨论。〔吉罗姆（Guillaume）第二章，第87页至90页〕众多研究都证明了计划建造城堡场地的地基准备工作。〔布黑奥斯特（Brioist）2009、2015〕。
4. 1月16日，达·芬奇回到了昂布瓦斯（Ca.F.920中提及）。
5. 自1515年开始了塔附近的西侧工程。参见 A.科斯佩雷克（A. Cosperec）的纪念性建筑物公告1993，布卢瓦（Blois）的弗朗索瓦一世城堡，新时代，第591页至603页。位于西侧的工程于1516年8月完工。
6. 一个显著的例外是由尼可洛三世·德思特（Nicolo III D'Este）于1435年建造的具有纪念意义的贝莱利古力多别墅（Delizia Di Belriguardo），别墅中建有一条长廊、用人房、大厅、主院和花园，这些建筑单元形成了位于同一布局轴的有机整体。
7. 主教阿拉贡（Aragon），主教比比耶纳（Bibbiena）。一位不愿透露姓名的匿名人士表达了仅对法国的三座城堡布卢瓦（Blois）、盖永（Gaillon）和费杰（Verger）感兴趣的态度，并在 L.蒙加（L.Monga）发表了对这三座城堡的相关描述。《来自米兰的商人，16世纪初的旅行》，米兰，1985，第105页至106页。
8. H.冯·盖德穆勒（H.Von Getmüller），法国文艺复兴时期的建筑，T.1，斯图加特，1898，图16、17。盖德穆勒显然没有意识到该工程与文艺复兴有关。
9. 参见 J.马丁·德梅基乐（J.Martin-Demézil），《达·芬奇和索洛诺特（Solognote）建筑技巧》，艺术评论1990，编号87，第84页至86页。
10. Ms. 阿伦德尔（Arundel），F. 270v。
11. 此主题请参见吉罗姆（Guillaume）1974，I，沙特奈（Chatenet）2001，吉罗姆（Guillaume）2005，巴尔达提（Bardati）2019。

达·芬奇的奇特之处

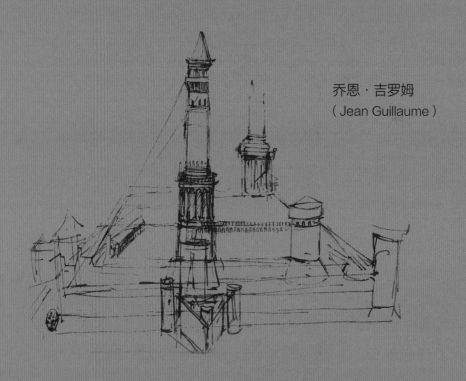

乔恩·吉罗姆
（Jean Guillaume）

达·芬奇与建筑的关系与和他同时代的建筑师群体并不相同。首先，建筑学并没有引起他的兴趣，他一生所创作的素描图纸，多半创作于 1487—1490 年。达·芬奇还深入思考了结构问题：居中布局的教堂、城市交通、多种楼梯。达·芬奇是一位新布鲁内莱斯基式的人物，富有逻辑性和勇气，能够从自己制定的原则中汲取经验与教训。他所设想的解决方案几乎是系统性的，甚至使人们以为他是打算写一篇模型大全的论文。1490—1506 年，他罕有原创性的提案。相反，在他第二次旅居米兰的前几年，却取得了丰硕成果：在查尔斯·昂布瓦斯的要求和新仰慕者的支持下，达·芬奇设计了别墅、城堡、教堂、楼梯……随后的几年，他的建筑作品数量又减少了。从 1515 年起，达·芬奇由于在罗马的住所与伯拉孟特和拉斐尔的住所相邻，以及在法国的所见所感，对建筑的激情再次变得强烈起来。

这项研究的不连续性证明了达·芬奇的思想是没有演变的，仅仅是他所关注的侧重点发生了细微的变化。在 1487—1490 年期间，他研究出来的大多数解决方案是在之后被发现的，直到 1517 年，教堂的中心计划未经修改就启用了（但这种现象很少）。此外，1508 年出现的河道灌溉的城市形式，在 1517—1518 年间又重新出现。1506—1508 年、1518—1519 年，达·芬奇提议实施 30 年前的香波尔城堡研究计划时，含多个坡道的楼梯仍然吸引着艺术家们的注意力。直到 1506 年之后，达·芬奇才真正开始对其他主题产生兴趣。1513 年左右，他对别墅、宫殿建筑以及集中式建筑城堡的兴趣愈加浓厚。

在伯拉孟特作品的影响下，达·芬奇的建筑语言从 1505 年开始改变。因为我们在他的绘画中发现了小庙宇、卡普里尼宫、眺望楼和法院宫等。但我们不能认为这便是他向新风格转变的开始。达·芬奇并没有对罗马的废墟产生热情，直到他生命的尽头，他仍然沉迷于第一次文艺复兴时期的作品以及意大利北部垂直又生动的表现形式。如果他的教堂设计能够通过伯拉孟特的中和而发挥真正的影响，那么他最杰出的发明应是多样的圆顶教堂、双层别墅、具有多个坡道的楼梯、地板凹入的方形城堡、带有灯笼式顶楼的别墅、梅尔齐别墅的眺望楼……即另一种实用、生动且令人惊奇的建筑类型，迥异于罗马的风格。

审美旨趣奠定了达·芬奇在法国的成功。他选择性地汲取了意大利建筑的元素，进而改变了法国建筑。达·芬奇并没有引入新的形式，而是大胆采用了符合国王期望且适合当地风格的建筑形式。

弗朗索瓦一世的项目——皇家城市和无与伦比的城堡，使达·芬奇有机会最后一次研究这个主题。从宫殿看去，城市中两个不同高度的运河水系展开成为开放式的观景，螺旋式楼梯成为城堡的中心。因此，达·芬奇艺术探索的最终归宿即法国。艺术家的曲折旅程，意外地因个体的遭遇而结束。在一个对他来说并不陌生的新"环境"中，充满热情和想象力的年轻国王比利奥十世更为赏识他。

这些令人惊讶的相似性，解释了为什么达·芬奇唯一的项目也是他最后一个项目。时至今日，我们有必要去看看香波尔城堡的双楼梯和十字形中央，以便了解达·芬奇所说的文艺复兴时期的建筑：一门艺术将最严格的逻辑与无限的想象力合而为一。

建筑师达·芬奇?

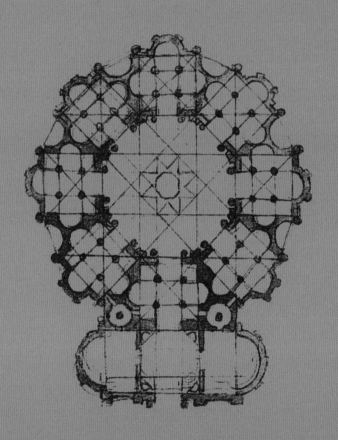

萨宾娜·弗洛梅尔
（Sabine Frommel）

截至目前，也没有任何证据表明达·芬奇以建筑师的身份建造某一建筑。为了合理评估他在建筑领域的贡献，相关研究应着眼于零散的工程图纸、建筑草图及各种文字注释和文件。资料透露出达·芬奇对自己建筑才华的自信，切萨雷·波吉亚及查尔斯·昂布瓦斯的肯定性的评价，也说明达·芬奇在建筑设计上的思辨能力及模型的可实现性。[1] 1506年12月16日，查尔斯·昂布瓦斯表达了其对达·芬奇建筑设计能力的钦佩之情："（达·芬奇）……绘画及建筑设计……值得称赞，达·芬奇的设计不仅令人满意而且令人钦佩。"[2] 弗朗索瓦一世邀请达·芬奇为自己设计罗莫朗坦的新住所，这也是对达·芬奇设计能力的完全肯定。达·芬奇是在米兰为卢多维科·斯福尔扎工作期间名声远扬的，这也是为什么他回到佛罗伦萨不久就又收到了为弗朗切斯科·冈萨加设计曼图亚别墅的邀请。[3]

其实，达·芬奇即使没有建造过建筑，也无法忽视其在文艺复兴时期建筑史中所扮演的重要角色。因为相对于建造工程，该时期的工程设计及方案本身就拥有独立的价值。由于当时不存在严格意义上的分类，许多大师都拥有在不同艺术或技术领域的设计能力，这也解释了历史上所存在的融合了不同艺术领域并相互影响的工程。在为卢多维科·斯福尔扎工作期间，达·芬奇化身为一名真正的宫廷艺术家，其设计涉猎范围之广，从军事建筑到临时性建筑、戏剧舞台，甚至是对节日庆祝活动的组织规划。达·芬奇数不胜数的设计图纸体现了其对上述范畴所开展的研究和在此之上建立的设计思路，他充分结合了自己在机械、策略、解剖、几何、运算等众多领域的渊博学识。这也证明不同领域之间知识的渗透性对达·芬奇设计思维的重要影响。通过我们的研究，可以发现达·芬奇绘制的草图通常以某一具体问题为出发点向其他知识领域自由地、发散式地扩展，不受任何规则的限制。"学科交叉式"的思考模式，令达·芬奇突破了同时代艺术家群体的局限性。

是否存在"达·芬奇式方法"

单纯从方法论的角度而言，达·芬奇的思维模式与其同时代的艺术家群体并无明显差异。他绘制的众多草图尤其是涉及防御建筑及住宅设计的，都遵循着维特鲁威建筑理论，在对建筑所在地地形及周边自然资源进行研究的基础上完成。达·芬奇认为建筑作品是将建筑物、花园、液压装置甚至动植物资源纳入在内的巨大生物系统。对托瓦利亚别墅（Villa Tovaglia）的复制体现了建筑物与其周边环境之间关系的重要性：他建议将部分托斯卡纳的景观融入别墅设计中。[4]在维特鲁威理论的框架中，人体及解剖学研究使达·芬奇有能力通过解析自然系统运转原理，创造拥有和谐比例的建筑模型。[5]编号为Rl12585的图纸中的正视图、透视图及平面图展示了达·芬奇在考虑庭院体积及光线条件的前提下，如何建立建筑生物体中各组成部分之间和谐关系的思维模式。[6]

与那个时代的方法论相符合，达·芬奇使用不同技巧绘制的不同比例的草图及图纸展现了他的审美倾向，他甚至完善了作为不可或缺的绘画工具的圆规设计（《大西洋古抄本》259r-A[696r]）。[7]在拉斐尔向教皇利奥十世提出书面建议之前，已经有建筑师以平面图、剖面图、立视图的组图模式展示建筑结构，然而在编号为 Ms. B 的图纸中达·芬奇使用的却是一组严谨的居中布局的教堂平面图。相对于组图模式，他更倾向于将透视平面图与鸟瞰图结合起来使用[8]（图9—图15）。除了达·芬奇之外，其他同时代的建筑师并没有使用这一构图方法，这也使得达·芬奇独特的重视室内功能及建筑体积对比的设计视角可以被更好地研究和理解。

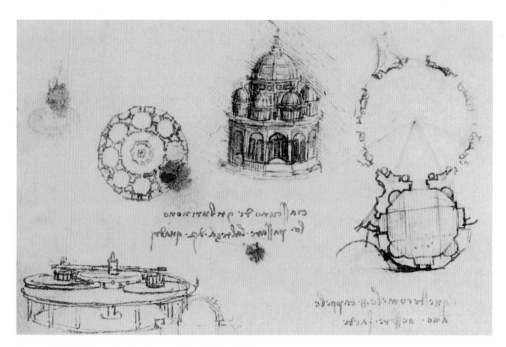

图9 列奥纳多·达·芬奇，8个小教堂辐射布局图

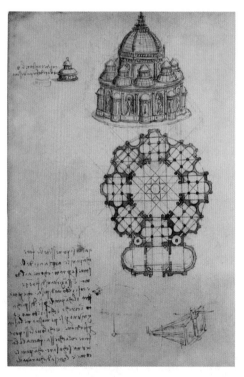

图10 列奥纳多·达·芬奇，8个小教堂辐射布局图

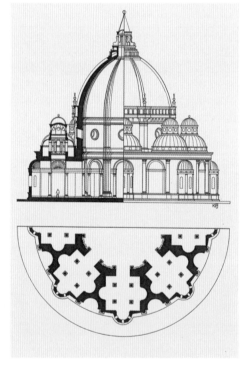

图11 圆顶（图10的立视图和平面图）

204

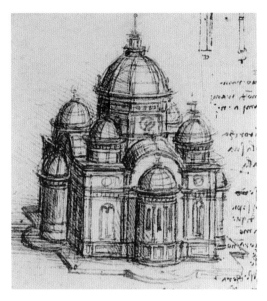

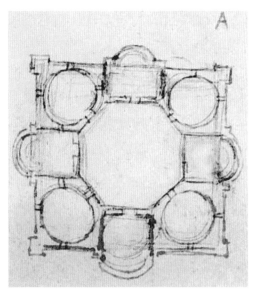

图 12　列奥纳多·达·芬奇，包含 4 个长形小教堂的辐射布局图

图 13　列奥纳多·达·芬奇，包含 4 个长形小教堂的辐射布局图

图 14　列奥纳多·达·芬奇，朝向中心的 4 个补充空间的辐射布局图

205

也正是由于达·芬奇特有的设计视角，其在图纸中很少使用立视图展示建筑表面及内部结构。相反，他与其他所有文艺复兴时期的建筑师一样，使用木制模型对建筑进行设计及展现。[9] 在对米兰大教堂穹顶的设计竞争中，达·芬奇改造了模型，以表明模型应作为实现建筑设计创作的重要媒介，[10] 也正是归功于对这一竞标的参与，历史上有幸留下了达·芬奇这幅非常罕见的、比例精确的、以平面图为基础、可用于施工的建筑图纸。[11]

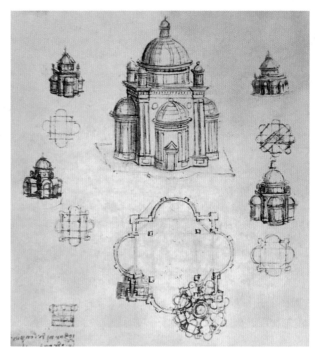

图 15　列奥纳多·达·芬奇，十字形教堂布局图以及两个教堂的辐射图

1513—1516 年在罗马短居期间，达·芬奇与乔尔吉奥·特德斯科（Giorgio Tedesco）对模型的使用问题产生了意见分歧。乔尔吉奥·特德斯科要求达·芬奇向其提供设计的建筑和机械木制模型以便其可以在德国制造相应的金属模型。[12] 达·芬奇意识到可能引起的"版权"问题，提议向其提供标注技术参数的相关图纸（整体尺寸、宽度、长度）。这也就意味着：只有在拥有经验及专业知识甚至是对结构各组成部分之间比例都比较了解的基础上，才有可能进行模型的合理重建。

达·芬奇将图纸理解为知识的表达及经验试验的结果，他认为即使是经验丰富的建筑师也很难掌控图纸的绘制过程。大多数情况下，达·芬奇的设计都没能彻底完成，他总是在找到某一具体问题的解决方案后，将注意力快速转移到其他思路中。可以想见，或因达·芬奇的这一特点，建筑商们都不敢将建筑工程负责人的重任委托给他。

达·芬奇还热衷于临摹建筑图纸：米兰圣洛伦佐大教堂、圣塞波尔克罗大教堂（《大西洋古抄本》F.271v-D [733v]，《大西洋古抄本》F.42v-C [119v]，Ms.B，F.57r）、佛罗伦萨风格的天使、殉教者圣母大殿、佛洛伦萨圣神大殿（Ms.B，F.11v）、米兰恩宠圣母大教堂（《福斯特 II 手稿（Codex Foster II）》F.53r/V）等。[13]达·芬奇在临摹建筑时的选择性体现了他的视角，他并没有倾向于古罗马建筑。通过临摹练习，达·芬奇不仅保存了众多建筑的历史资料，还对建筑结构各个细节与最新建筑模型风格进行了深入研究，并在此基础上加工、创作新的建筑模型。

达·芬奇热衷于对建筑系统进行多样化设计，在受到建筑周边自然环境启发的基础上，对建筑模型进行不断的丰富和创新。弗朗切斯科·迪·乔尔吉奥的著作对这一设计理念进行了充分描述。[14]

当必须对原有建筑进行强化或重修时，达·芬奇依据阿尔伯蒂的理论，将建筑看作患者，自己作为医生对建筑进行检查并针对建筑重量和承重之间的平衡关系寻找解决方案。[15] 在米兰大教堂穹顶一例中，达·芬奇运用这一设计理念创造了既合理又坚固，且具有完美稳定性的穹顶结构，这一结构的稳定性也通过压力模拟试验得到了证实。

原理及造型

　　虽然达·芬奇与其同时代的建筑师所运用的设计方式存在着许多相似之处，但他的目标及表达方法是独树一帜的。达·芬奇对那些以维特鲁威理论和古罗马建筑遗迹为基础和标准的建筑丝毫不感兴趣。除了1501年3月（按照佛罗伦萨表达法为1500年）对蒂沃利（Tivoli）的哈德良别墅设计有过注释以外，达·芬奇再也没有任何建筑图纸让人联想到经典的古建筑遗迹了。[16] 达·芬奇对位于米兰（Ms.B, F.16r 36r, 37r/V；《大西洋古抄本》F.65v-B [184v]）及佛罗伦萨（温莎城堡，Rl，12681r；《大西洋古抄本》F.315r-B [865r]）的建筑重修设计，以范例的形式展现了其对建筑基础设施、城市建筑各系统之间的关系、建筑各组成部分的功能，甚至是建筑对住户日常生活细节方面的重视[17]（图3、图4、图29、图30）。

　　水源对建筑生物体的合理运作起着至关重要的作用，就如同在人体各器官中流动的血液。与菲拉雷特和弗朗切斯科·迪·乔尔吉奥不同的是，达·芬奇没有利用自己的研究去发展由形式定义的建筑类型。达·芬奇设计的建筑在垂直方向上充满跳跃感，第一次文艺复兴的装饰语言也有迹可循。达·芬奇通常会远离束缚艺术家的方式，如展现自己与当代建筑风格同步的方式，这不仅使其在激烈的竞争中保持了创新能力，也毫无追随艺术潮流的倾向。达·芬奇在他自己的创作空间里，保留了部分传统建筑线条，并将它们作为一种具有叙述性价值的象征性图样，永久性地应用于其审美表达中。

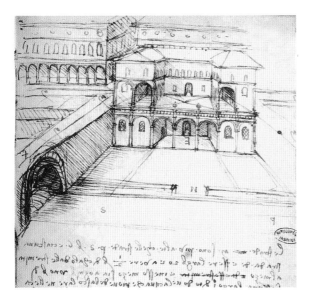

图 3　列奥纳多·达·芬奇，二级城市项目

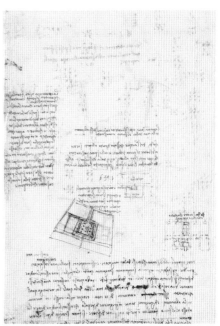

图 4　列奥纳多·达·芬奇，米兰的城市扩张和重建项目

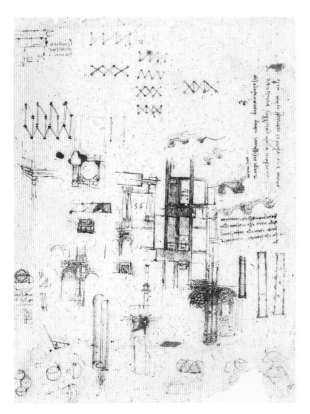

图 29　列奥纳多·达·芬奇，佛罗伦萨圣洛伦佐大教堂前的广场重建项目

图 30　列奥纳多·达·芬奇，罗莫朗坦城堡以及新城项目

209

由于达·芬奇没有发展自己风格的意愿，几乎不可能见证其建筑词汇的进化，他的设计视角的特点之一，即将传统与创新的元素进行前所未有的结合。

在达·芬奇前往米兰之前，托斯卡纳地区的建筑对其艺术想象力产生了深远影响。他将托斯卡纳建筑风格运用于居中式平面布局，并创造了将住宅建筑"神圣化"的结构原理及具有强烈对比感的厚重且生动的建筑轮廓（图60、图62、图65、图66）。

达·芬奇受到佛罗伦萨大教堂穹顶结构的启发而绘制的米兰大教堂的双层穹顶结构图纸，显示了这一文化遗产对达·芬奇设计思路的巨大影响，这一创新性结构在米兰（图6）同样引起了巨大反响。

达·芬奇的作品并未忽视当时的建筑风尚，他还掌握了建筑中重复性结构、仿庙宇建筑的三角楣柱廊及柱廊柱头式样（图54、图72、图73）的使用。

达·芬奇的建筑图纸展示了其个人在设计方面的进展，具有典型特征，既有概括性、抽象性的建筑结构，又有空间上的多样性[18]。

达·芬奇对米开朗琪罗、巴尔达萨雷·佩鲁齐、小安东尼奥·达·桑加洛建筑作品也进行过反思，并在此基础上对这些作品进行优化与多样化设计，这些设计在大多数情况下也受到了这些大师的欣赏[19]（图73、图78、图80、图81）。

在达·芬奇为法国皇室工作的末期，意大利设计理念在法国也因他的成就而得以"流传"。例如，他在位于香波尔城堡中的螺旋式楼梯结构的设计就是受到了意大利建筑启发[20]（图82）。这些素描图纸一方面体现了他的个人风格，同时也反映出意大利文艺复兴时期的建筑界应用典型模型的客观史实。

210

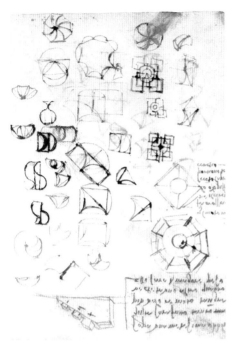

图 60 列奥纳多·达·芬奇，集中式别墅研究

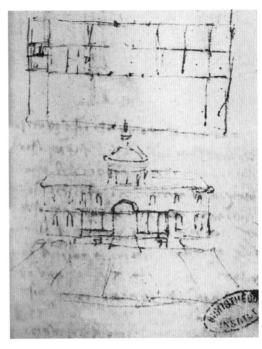

图 65 列奥纳多·达·芬奇，赌场、带有双凉廊和帕拉第奥母题的灯笼式穹顶

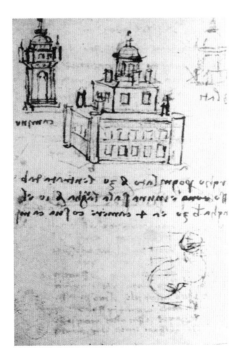

图 62 列奥纳多·达·芬奇，加盖有灯笼穹顶的集中式别墅项目

图 66 列奥纳多·达·芬奇，宫殿透视表现，住宅图，罗马的卡普里尼宫细节

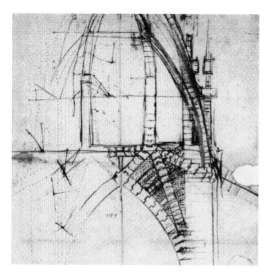

图 6　列奥纳多·达·芬奇，柱子、交叉甬道、上方、双帽状拱顶的投影剖面图

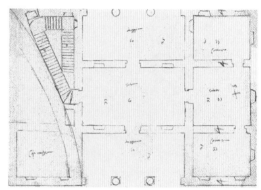

图 78　小安东尼奥·达·桑加洛，别墅项目

图 54　列奥纳多·达·芬奇，带透视的教堂外观

图 73　列奥纳多·达·芬奇，外观的间隔交替表现以及升高式集中结构

图 72　列奥纳多·达·芬奇，同一高度上对称与分离的"镜像"

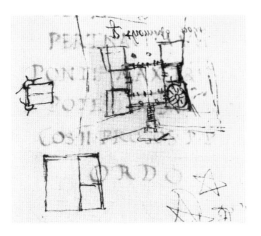

图 80　巴尔达萨雷·佩鲁齐，别墅加固

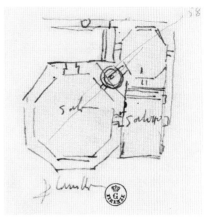

图 81　小安东尼奥·达·桑加洛，法拉第别墅项目

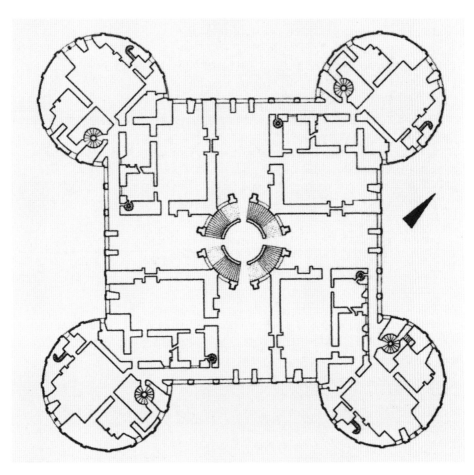

图 82　香波尔城堡的第二个项目，中央十字形厅带有四个螺旋坡道的楼梯

213

注释

1. 参见达·芬奇给卢多维科·斯福尔扎（Ludovico Il Moro）的信，Cod.Atl.1082r，1082r [392r-A]（维切 2001，第 75 页至第 77 页）。另请参见《达·芬奇与其赞助人》一章。
2. "达·芬奇……绘画及建筑设计……值得称赞，达·芬奇的设计不仅令人满意而且令人钦佩"，此处原文参考：[Leonardo]Merita Di Essere Laudato[…]De Disegni Et Architettura[…] Pertinenti Alla Condictione Nostra,Ha Satisfacto Cum Tale Modo,Che Non Solo Siamo Restate Satisfacti De Lui,Ma Ne Havemo Preso Admiratione. 这封信是写给佛罗伦萨贵族的〔贝尔特拉米（Beltrami）1919, N.181；维切（Vecce）2001，第 78 页至 79 页〕。
3. 维切（Vecce）2001，第 171 页至 173 页。
4. 佩德雷蒂（Pedretti）1995，第 138 页至 139 页。
5. 在一位拉丁学者的帮助下，他有可能对阿尔伯蒂在《建筑艺术》中所涉及的这些基本主题进行了深入的研究，这是达·芬奇图书收藏中第一本关于建筑艺术的现代论文（维切（Vecce）2019，第 32 页至 36 页）。
6. 弗洛梅尔（Frommel）S.2019c，第 242 页至 244 页。
7. 佩德雷蒂（Pedretti）1995，第 327 页，第 332 页至 333 页；达·芬奇三维（Leonardo Dreidimensional）2006，第 234 页至 236 页；弗洛梅尔（Frommel）S.2019c，第 236 页至 237 页。
8. 关于绘画技巧，参见弗洛梅尔（Frommel）C.L.1994b，第 110 页，第 119 页；关于拉斐尔给利奥十世（Léon X）的信，参见迪·特奥多罗（Di Teodoro）2015。
9. 关于文艺复兴时期的建筑模型，参见莱皮克（Lepik）1994 年的研究成果和弗洛梅尔（Frommel）S.2015。
10. 参见本书中"米兰大教堂的灯笼式顶楼"一章。我们正在酝酿和等待最新的出版物，有关米兰大教堂历史：Ad Triangulum。
11. 参见本书中"米兰大教堂的灯笼式顶楼"一章；弗洛梅尔（Frommel）S.2019c，第 70 页至 75 页。《Scires-It》杂志中吉安娜·贝塔基（Gianna Bertacchi）和皮尔保罗·迪奥塔列维（Pierpaolo Diotallevi）的文章。
12. Cod.Atl.F.671r〔达·芬奇三维（Leonardo Dreidimensional）2005，第 12 页至 13 页〕。
13. 弗洛梅尔（Frommel）S.2019c，第 68 页至 77 页，第 92 页至 95 页，第 102 页至 103 页，第 216 页至 217 页。
14. 参见本书中《住宅：宫殿与别墅》一章。
15. 参见本书中《米兰大教堂的灯笼式顶楼》一章，隐喻出现在致米兰大教堂歌剧院的一封信中〔佩德雷蒂（Pedretti）1995，第 34 页〕。达·芬奇对欧瑟万扎圣殿（Osservanza）抱有相似的态度，他于 1500 年对该工程进行了设计〔维切（Vecce）2001，第 172 页〕。
16. 维切（Vecce）2001，第 174 页至 175 页。
17. 弗洛梅尔（Frommel）S.2019c，第 48 页至 55 页，第 62 页至 65 页。
18. 为了突显这一进展，海登赖希对《大西洋古抄本》编号 F.42-C [119v] 和编号 F.37r-A [104r] 中的立视图进行了比较，{列奥纳多·达·芬奇 2015，第八卷，第 567 页〔R. 斯科菲尔德（R.Schodield）弗洛梅尔（Frommel）S.2019c，第 27 页}。
19. 参见本书中《达·芬奇及其同时代的艺术家》一章。
20. 这种非同寻常的结构，是建筑技能卓越的建筑师与艺术天才达·芬奇之间深入交流的成果〔吉罗姆（Guillaume）2002〕。

参考文献目录

克劳迪奥·卡斯特勒缇
（Claudio Castelletti）

达·芬奇手稿出处：

手稿 B，巴黎，法兰西学院
手稿 C，巴黎，法兰西学院
手稿 I，巴黎，法兰西学院
手稿 K，巴黎，法兰西学院
阿伦德尔（Arundel）手稿，伦敦，大英图书馆
大西洋古抄本（Codex Atlanticus），米兰，盎博罗削图书馆（Biblioteca Ambrosiana）
鸟类飞行手稿（Codex Sur Le Vol Des Oiseaux），都灵，皇家图书馆
福斯特 II 手稿（Codex Foster II），伦敦，维多利亚与艾尔伯特博物馆
温莎城堡（Windsor Castle），皇家图书馆
马德里手稿（Codex De Madrid），马德里，西班牙国家图书馆
威尼斯，威尼斯学院美术馆

出版物：

阿克曼（Ackerman）1999：J. 阿克曼，《十六世纪建筑中的达·芬奇教堂设计》，详见《纪念玛丽亚·路易莎·卡蒂·佩雷（Maria Luisa Catti Perer）的艺术史研究》，M. 罗西（M.Rossi）、A. 罗维塔（A.Rovetta）联合主编，米兰，1999，第 197 页至 204 页。

《三角构造法（Ad Triangulum）》：米兰大教堂及其灯笼顶，从斯托纳罗科（Stornaloco）、伯拉孟特、达·芬奇再到乔凡尼·安东尼奥·阿玛多（Leonardo E Giovanni Antonio Amadeo），G. 西里亚尼·塞布雷贡迪（G. Ceriani Sebregondi）、J. 格里蒂（J. Gritti）、F. 雷普什蒂（F. Repishti）、R. 斯科菲尔德（R. Schofield）联合主编。

阿多尼（Adorni）1998：B. 阿多尼，《阿莱西奥·特拉梅洛（Alessio Tramello）》，米兰 1998。

安杰利洛（Angelillo）1979：M. 安杰利洛，《列奥纳多，庆典及剧院》，由 C. 佩德雷蒂（Pedretti）讲解，那不勒斯 1979。

建筑图（Architectura Picta）2016：《建筑图（Architectura Picta）从乔托（Giotto）到委罗内塞（Veronese），意大利艺术中的建筑绘图》，S. 弗洛梅尔（Frommel）、G. 沃尔夫（Wolf）联合主编，莫德纳 2016。

建筑与建筑商（Architettura E Committenza）2006：C.L. 弗洛梅尔（Frommel），《建筑与建筑商，从阿尔伯蒂（Alberti）到伯拉孟特（Bramante）》，佛罗伦萨 2006。

巴尔达提（Bardati）2019：F. 巴尔达提，《香波尔城堡（Chambord）和意大利，列奥达多·达·芬奇、多米尼克·德·科托内（Dominique De Cortone）以及弗朗索瓦一世的野心》，详见《香波尔城堡（Chambord）1519—2019：乌托邦》展览画册，由 R. 思舍尔（R. Schaer）主编，香波尔（Chambord）2019，第 141 页至 158 页。

贝利尼（Bellini）2016：F. 贝利尼，《米兰人伯拉孟特及圆顶建筑主题》，详见《伦巴第艺术》，176—177，1—2，2016，第 125 页至 134 页。

贝鲁奇（Bellucci）2013：R. 贝鲁奇，《"天使报喜"与达·芬奇的观点研究》，详见《达·芬奇与光学，理论与绘画实践》，国际会议记录（佛罗伦萨，2010 年），F. 菲奥拉尼（Fiorani）、A. 诺瓦（Nova）联合主编，威尼斯 2013，第 247 页至 263 页。

贝鲁奇（Bellucci）2017：R. 贝鲁奇，《列奥纳多时代的作品＜博士来朝＞》，详见《达·芬奇的＜博士来朝＞修复，杰作再现》，M. 恰蒂（Ciatti）、C. 弗罗辛尼（Frosinini）联合主编，佛罗伦萨 2017，第 63 页至 108 页。

216

贝尔特拉米（Beltrami）1919：L. 贝尔特拉米，《达·芬奇生平和作品按时间顺序排列的文件和回忆录》，米兰，1919。

C. 贝尔塔基（Bertacchi），《达·芬奇对米兰大教堂灯笼顶重建和结构设计的提议》，Schires-It。

布歇龙（Boucheron）2008：布歇龙，《达·芬奇和马基雅维利》，拉格拉斯（Lagrasse）2008。

布黑奥斯特（Brioist）2009：P. 布黑奥斯特，《罗莫朗坦（Romorantin）的宫殿与理想城市》，详见《列奥纳多·达·芬奇与法国》展览图册（昂布瓦斯，2009—2020)，C. 佩德雷蒂（Pedretti）、M. 梅拉尼（Melani）联合主编，比森齐奥营（Campi Bisenzio）2009。

布黑奥斯特（Brioist）2015：P. 布黑奥斯特，《路易丝·德·萨瓦（Louise De Savoie）与达·芬奇在罗莫朗坦（Romorantin）的项目》详见《路易丝·德·萨瓦（Louise De Savoie），1476—1531》，P. 布黑奥斯特（Brioist）、L. 法格纳特（Fagnart）、C. 米雄（Michon）联合主编，图尔-雷恩（Tours-Rennes）2015，第 73 页至 86 页。

布恩斯（Burns）1994：H. 布恩斯，《弗朗切斯科·迪·乔尔吉奥（Francesco Di Giorgio）藏于佛罗伦萨乌菲齐美术馆的建筑图纸》，详见《建筑师弗朗切斯科·迪·乔尔吉奥》展览目录（锡耶纳，1993)，F.P. 菲奥雷（Frore）、M. 塔夫里（Tfuri）联合主编，米兰，1994，第 350 页至 357 页（Ed.Or1993）。

卡梅罗塔（Camerot），纳塔利（Natali），塞拉奇尼（Seracini）2006：F. 卡梅罗塔，A. 纳塔利，M. 塞拉奇尼，《列奥纳多·达·芬奇及＜博士来朝＞研究》，罗马 2006。

卡尔奇（Chalci）1644：T. 卡尔奇，《埃斯特王子的联姻：卢多维斯·玛丽（Ludovici Mariae）和比阿特里斯（Beatrice），与阿方索（Alphonsi）和安妮·卢多维斯·尼泊特（Anna Ludovici Nipote）》，阿德里安·科塔图书馆，详见《卢西哈德里亚尼（Lucii Hadriani）图书馆》，米兰 1644。

沙特奈（Charenet）2001：M. 沙特奈，香波尔城堡（Chambord），巴黎 2001。

科尔（Cole），耶克斯（Yerkes）2019：M. 科尔，C. 耶克斯，《楼梯上的达·芬奇》，详见《对话达·芬奇，达·芬奇及其同时代的艺术家》，F. 博尔戈（Borgo）、R. 马菲斯（Maffeis）、A. 诺瓦（Nova）联合主编，威尼斯，2019，第 307 页至 317 页，第 452 页至 463 页。

A. 科思佩海克（Cosperec），《布卢瓦（Blois）的弗朗索瓦一世城堡，新时代》，详见《纪念性建筑物》，151，4，1993，第 591 页至 603 页。

达米施（Damisch）1994：H. 达米施（Damisch），《理想城市的宴席》，详见《从布鲁内莱斯基（Brunelleschi）到米开朗琪罗的文艺复兴建筑代表》展览图册（威尼斯，1994)，H.A. 米隆（Millon）和 V. 玛格纳哥（Magnago）联合主编，米兰，1994，第 539 页至 540 页。

大卫斯（Davies）1989：P. 大卫斯，《朱利奥·罗马诺（Giulio Romano）的曼托瓦别墅（Ville Mantovane）》，详见《朱利奥·罗马诺（Giulio Romano）》展览图册（曼托瓦，1989)，E.H. 贡布里希（Gombrich）、M. 塔夫里（Tafuri）、S. 费里诺·帕格登（Ferino Pagden）、C.L. 弗洛梅尔（Frommel）、K. 欧贝尔胡贝尔（Oberhuber）、A. 贝鲁奇（Belluzzi）、K.W. 福斯特（Forster）、H. 布恩斯（Burns）联合主编，米兰，1989，第 516 页至 519 页。

迪·特奥多罗（Di Teodoro）2015：F.P. 迪·特奥多罗，《拉斐尔和巴尔达萨雷·卡斯蒂廖内（Baldassar Castiglione）给利奥十世的信：新手稿》，详见《比萨高等师范学校（Scula Normale Superiore Di Pisa）纪事，文学与哲学类》，5，7/1，2015，第 119 页至 168 页。

迪·特奥多罗（Di Teodoro）2018：F.P. 迪·特奥多罗，《列奥纳多·达·芬奇，Ms.B 手稿中的宗教建筑绘画比例》，法兰西学院，详见《建筑史上的比例系统，批判性再思考》，M.A. 科恩（Cohen）、

M. 德尔贝克（Delbeke）联合主编，莱顿 2018，第 381 页至 396 页。

迪奥塔列维（Diotalevi）：P.P. 迪奥塔列维，《米兰大教堂的灯笼顶》，Scires-It。

福舍尔（Faucherre）2008：N. 福舍尔，《从塔楼到堡垒的法国军事建筑（1470 年至 1530 年）》，详见《列奥纳多时代的军事建筑，"米兰战争"和堡垒建筑在意大利和欧洲的推广》，国际会议记录（洛迦诺，2007），M. 维加诺（Vigano）主编，贝林佐纳 2008，第 157 页至 162 页。

弗格森（Fergusson）1977：F.D. 弗格森，达·芬奇与米兰大教堂的灯笼塔，详见《建筑师》，7，1977，第 175 页至 192 页。

法拉帝（Ferretti）2017：E. 法拉帝，《列奥纳多·达·芬奇的 < 博士来朝 > 中的建筑，形态学、空间现象学和空间层次化各方面的分析比较》，详见《达·芬奇的 < 博士来朝 > 修复，杰作再现》，M. 恰蒂（Ciatti），C. 弗罗辛尼（Frosinini）联合主编，佛罗伦萨，2017，第 109 页至 122 页。

法拉帝（Ferretti）2017：E. 法拉帝，《符号与记忆：列奥纳多 < 贤士的崇拜 > 中的建筑传统设计和创新》，详见《达·芬奇的 < 博士来朝 > 修复，杰作再现》，M. 恰蒂（Ciatti），C. 弗罗辛尼（Frosinini）联合主编，佛罗伦萨，2017，第 151 页至 160 页。

菲拉雷特（Filarete）1972：菲拉雷特，《安东尼奥·阿韦里诺（Antonio Averlino，也被称作菲拉雷特）建筑理论》，A. M. 费诺利（Finoli）、L. 格拉西（Grassi）联合主编，第二卷，米兰，1972。

菲奥雷（Fiore）1994：F.P. 菲奥雷，《勒沃尔特（Le Volte）的奇吉别墅（Villa Chigi）》，1496—1505，详见《建筑师弗朗切斯科·迪·乔吉奥（Francesco Di Giorgio）》展览图册（锡耶那，1993），F.P. 菲奥雷（Fiore），M. 塔夫里（Tafuri）联合主编，米兰，1993，第 338 页至 345 页（Ed.Or.1993）。

菲奥雷（Fiore）2017a：F.P. 菲奥雷，《建筑与军事艺术，文艺复兴时期的墙壁和城墙》，罗马，2017。

菲奥雷（Fiore）2017b：F. P. 菲奥雷，弗朗切斯科·迪·乔尔吉奥（Francesco Di Giorgio）和科斯塔恰罗 (Costacciaro) 的"激增"里韦利诺（Rivellino），详见《建筑和军事艺术，文艺复兴文化中的城墙》，罗马，2017，第 107 页至 108 页。

菲奥雷（Fiore）2017c：F.P. 菲奥雷，《弗朗切斯科·迪·乔尔吉奥（Francesco Di Giorgio）对达·芬奇军事建筑设计的影响》，详见《建筑和军事艺术，文艺复兴文化中的城墙》，罗马，2017，第 87 页至 96 页。

菲奥雷（Fiore）2017d：F.P. 菲奥雷，《亚历山大六世时期的塞尼加拉（Senigalla）城堡和军事建筑》，详见《建筑和军事艺术，文艺复兴文化中的城墙》，罗马，2017，第 97 页至 106 页。

菲奥雷（Fiore）2017e：F.P. 菲奥雷，《亚历山大时代教堂建筑的防御工事》，详见《建筑和军事艺术，文艺复兴文化中的城墙》，罗马，2017，第 57 页至 71 页。

菲奥雷（Fiore）2018：F.P. 菲奥雷，曼特尼亚（Mantegna），《弗朗切斯科·迪·乔尔吉奥（Francesco Di Giorgio）与带有圆形庭院的建筑结构》，详见《文艺复兴建筑中的圆形庭院》，P.A. 加莱拉（Galera）、S. 弗洛梅尔（Frommel）联合主编，塞维利亚，2018，第 15 页至 29 页。

菲奥雷（Fiore）1973：L. 费尔波（Firpo），《建筑师和城市规划师达·芬奇》，都灵，1973，Ed.Or.1963。

菲奥雷（Fiore）1987：L. 费尔波（Firpo），《城市规划师达·芬奇》，详见《工程师与建筑师达·芬奇》展览图册（蒙特利尔，1987 年），由 P. 加卢齐（Galluzzi）主编，蒙特利尔 1987，第 287 页至 301 页。

218

费萨布雷（Fissabre），威尔逊（Wilson）2018：A. 费萨布雷（Fissabre），A. 威尔逊（Wilson），《这个建在蒙特霍龙（Monthoiron）的带有十个马刺结构的塔楼是由达·芬奇设计的作品吗？》，详见《学院》，1，2018，第 65 页至 82 页。

弗朗切斯科·迪·乔尔吉奥（Francesco Di Giorgio）1994：《建筑师弗朗切斯科·迪·乔尔吉奥》展览图册，锡耶纳，1993，F.P. 菲奥雷（Firore）、M. 塔夫里（Tafuri）联合主编，米兰，1994，Ed.Or.1993。

弗朗切斯科·迪·乔尔吉奥（Francesco Di Giorgio）1967：弗朗切斯科·迪·乔尔吉奥，《关于建筑、工程和军事艺术的研究》，C. 马勒泰斯（Maltese）主编，第二卷，米兰，1967。

弗洛梅尔（Frommel）2017b：S. 弗洛梅尔，《那不勒斯（Napoli）国王宫殿、纳沃纳（Navona）广场的美第奇住宅和佛罗伦萨的劳拉（Laura）建筑工程》，详见《朱利亚诺·达桑加洛（Giuliano Da Sangallo），乌菲齐的图纸》展览图册（佛罗伦萨，2017），D. 多奈提（Donetti）、M. 法埃蒂（Faietti）、S. 弗洛梅尔（Frommel）联合主编，佛罗伦萨 - 米兰，2017，第 90 页至 99 页。

弗洛梅尔（Frommel）C.L.1961：C.L. 弗洛梅尔，《法尼辛（Farnesina）和巴尔达萨雷·佩鲁齐（Baldassare Peruzzi）的早期建筑作品》柏林，1961。

弗洛梅尔（Frommel）C.L.1967—1968：C.L. 弗洛梅尔，《巴尔达萨雷·佩鲁齐（Baldassare Peruzzi），画家兼建筑师》，维也纳 - 慕尼黑，1967—1968。

弗洛梅尔（Frommel）C.L.1994a：C.L. 弗洛梅尔，《圣彼得罗（San Pietro）》，详见《从布鲁内莱斯基（Brunelleschi）到米开朗琪罗的文艺复兴建筑代表》展览目录（威尼斯，1994），H. 米隆（Millon）、V. 玛格纳哥（Magnago）联合主编，米兰，1994，第 399 页至 423 页。

弗洛梅尔（Frommel）C.L.1994b：C.L. 弗洛梅尔，《论建筑制图的诞生》，详见《从布鲁内莱斯基（Brunelleschi）到米开朗琪罗的文艺复兴建筑代表》展览图册，（威尼斯，1994），由 H. 米隆（Millon）、V. 玛格纳哥（Magnago）联合主编，米兰，1994，第 101 页至 122 页。

弗洛梅尔（Frommel）C.L.2002：C.L. 弗洛梅尔，《作为艺术品的城市，布拉曼特与拉斐尔（1500—1520）》，详见《意大利建筑史，十六世纪初》，由 A. 布鲁斯基（Bruschi）主编，米兰，2002，第 76 页至 131 页。

弗洛梅尔（Frommel）C.L.2006a：C.L. 弗洛梅尔，《柏林（Berlino）、乌尔比诺（Urbino）和巴尔的摩（Baltimora）的木制结构》，详见 C.L. 弗洛梅尔（Frommel）的《阿尔伯蒂（Alberti）至伯拉孟特（Bramante）的建筑和风格》，佛罗伦萨，2006，第 337 页至 366 页。

弗洛梅尔（Frommel）C.L.2006b：C.L. 弗洛梅尔，《菲奥索勒（Fiesole）的美第奇别墅和文艺复兴时期别墅的诞生》，详见 C.L. 弗洛梅尔（Frommel）的《阿尔伯蒂（Alberti）至伯拉孟特（Bramante）的建筑和风格》，佛罗伦萨，2006，第 43 页至 78 页。

弗洛梅尔（Frommel）C.L.2010：C.L. 弗洛梅尔，《建筑师曼特尼亚（Mantegna）》，详见《安德烈亚·曼特尼亚（Andrea Mantegna），天才的烙印》，国际会议记录（帕多瓦、维罗纳、曼托瓦，2006），R. 西格里尼（Signorini）、V. 雷博纳托（Rebonato）及 S. 塔马卡罗（Tammacaro）联合主编，佛罗伦萨，2010，第 181 页至 220 页。

弗洛梅尔（Frommel）C.L.2014：C.L. 弗洛梅尔，《位于罗马的法尼辛（Farnesina）别墅》，莫丁，2014。

弗洛梅尔（Frommel）C.L.2014b：C.L. 弗洛梅尔，《米开朗琪罗，大理石和心灵，尤利乌斯二世陵墓及其雕像》，R. 卡萨内利（Cassanelli）主编，米兰，2014。

弗洛梅尔（Frommel）C.L.2016a：C.L. 弗洛梅尔，《从乔托到拉斐尔的建筑绘图》，详见《从乔托（Giotto）到维罗内塞（Veronese）意大利艺术中的建筑绘图》，由 S. 弗洛梅尔（Frommel）、G. 沃尔夫（Wolf）联合主编，莫德纳，2016，第 69 页至 97 页。

弗洛梅尔（Frommel）C.L.2016b：C.L. 弗洛梅尔，《米开朗琪罗创作的尤利乌斯二世陵墓，创世纪和天才》，洛杉矶，2016，Ed.Or.It.Milan 2014。

弗洛梅尔（Frommel）C.L.2017a：C.L. 弗洛梅尔，《伯拉孟特，金山圣伯多禄堂（San Pietro In Montorio）的坦比哀多（Tempietto）》，详见赫兹亚那图书馆（Bibliotheca Hertziana）的《罗马年鉴》，41，2013—2014，第 111 页至 164 页。

弗洛梅尔（Frommel）C.L.2017b：C.L. 弗洛梅尔，《拉斐尔，斯坦兹（Le Stanze）》，米兰，2017。

弗洛梅尔（Frommel）S.2002a：S. 弗洛梅尔，《洛伦佐·德·美第奇、朱利亚诺·达·桑加洛以及巴贝里里亚诺（Barberiniano）古抄本的别墅建筑工程》，详见《王子建筑师》，国际会议记录（曼托瓦，1999)，A. 卡尔佐纳（Calzona）、P.F. 菲奥雷（Fiore）、A. 特南提（Tenenti）、C. 瓦萨里（Vasoli）联合主编，佛罗伦萨，2002，第 413 页至 454 页。

弗洛梅尔（Frommel）S.2002b：S. 弗洛梅尔，《建筑梦想：桑加洛与具有中心布局的住宅类型建筑》，详见《建筑史研究所笔记》，40，2002，第 17 页至 38 页。

弗洛梅尔（Frommel）S.2004：S. 弗洛梅尔，《研究、想象力与误解：与中心布局的住宅类型建筑，弗朗切斯科·迪·乔尔吉奥觐见费德里科三世·达·蒙特费尔特罗（Federico Di Montefeltro）》，详见《弗朗切斯科·迪·乔尔吉奥（Francesco Di Giorgio）在法院》，国际会议记录 (Urbino, 2001)，P.E. 菲奥雷（Fiore）主编，第二卷，佛罗伦萨，2004，第 643 页至 677 页。

弗洛梅尔（Frommel）S.2005：S. 弗洛梅尔，《友善与防御: 佩鲁奇（Peruzzi）及具有防御性的别墅建筑》，详见《巴尔达萨雷·佩鲁奇（Baldassare Peruzzi）1481—1536》，国际会议记录（罗马、佛罗伦萨、锡耶纳、卡尔皮、博洛尼亚及维琴察，2001），由 C.L. 弗洛梅尔（Frommel）、A. 布鲁斯基（Bruschi）、H. 布恩斯（Burns）、F.P. 菲奥雷（Fiore）、P.N. 帕利亚拉（Pagliara）联合主编，威尼斯，2005，第 333 页至 351 页，第 597 页至 606 页。

弗洛梅尔（Frommel）S.2006：S. 弗洛梅尔，《达·芬奇与集中式住宅的类型》，详见《佛罗伦萨艺术史研究所公告》，50，3，2006，第 257 页至 300 页。

弗洛梅尔（Frommel）S.2007a：S. 弗洛梅尔，《文艺复兴时期的意大利，从查斯（Caccia）城堡到狩猎小屋》，详见《欧洲文艺复兴时期的王子狩猎》，国际会议记录（香波尔，2004)，C. D'雅典娜（Anthenaise）、M. 沙特奈（Chatenet）、阿尔勒（Arles）联合主编，2007，第 289 页至 296 页。

弗洛梅尔（Frommel）S.2007b：S. 弗洛梅尔，《莱昂·巴蒂斯塔·阿尔伯蒂（Leon Battista Alberti）的别墅: 建筑模型》，详见《莱昂·巴蒂斯塔·阿尔伯蒂（Leon Battista Alberti），艺术理论家和"宗教的公民承诺"》，国际会议记录（Mantoue，2002—2003），A. 卡尔佐纳（Caizona）、F.P. 菲奥雷（Fiore）、A. 特南提（Tenenti）、C. 瓦萨里（Vasoli）联合主编，2 Vol，佛罗伦萨 2007，第二卷，第 815 页至 840 页。

弗洛梅尔（Frommel）S.2008：S. 弗洛梅尔，《佩鲁吉诺（Perugino）和建筑》，详见《摩擦点，建筑与艺术的秩序与动荡，休博斯特·冈瑟（Hubertus Günther）纪念刊物》，H. 胡巴赫（Hubach）、B. 翁奥雷利·梅塞利（Von Orelli-Messerli）、T. 塔西尼（Tassini）联合主编，彼得斯堡，2008，第 83 页至 90 页。

弗洛梅尔（Frommel）S.2009：S. 弗洛梅尔，《列奥纳多与查尔斯·昂布瓦斯别墅》，详见《列奥纳多·达·芬奇与法国》展览图册，昂布瓦斯，2010，C. 佩德雷蒂（Pedretti）、M. 梅拉尼（Melani）联合主编，坎比 - 比森齐奥 2009，第 113 页至 120 页。

弗洛梅尔（Frommel）S.2013：S. 弗洛梅尔，《宗教传统与古代发明：十五世纪下半叶绘画作品中的建筑遗址》，详见《建筑遗址，从古代到今天的损毁与建设》，K. 卡德卡（Kaderka）主编，罗马，2013，第 95 页至 108 页。

弗洛梅尔（Frommel）S.2014：S. 弗洛梅尔，《朱利亚诺·达·桑加洛（Giuliano Da Sangallo）》，佛罗伦萨，2014。

弗洛梅尔（Frommel）S.2016a：S. 弗洛梅尔，《人们在什么地方敬拜新生的基督，达·芬奇＜博士来朝＞中的基督教传统与古代习俗之间的矛盾》，详见《艺术史学报》，57，2016，第 86 页至 96 页。

弗洛梅尔（Frommel）S.2016b：S. 弗洛梅尔，《朱利亚诺·达·桑加洛（Giuliano Da Sangallo）和达·芬奇：交叉布局还是平行布局》，详见《照亮了列奥纳多，卡洛·佩德雷蒂（Carlo Pedretti）70 年的学术生涯纪念（1944—2014）》，C. 莫法特 Moffatt、S. 塔格丽拉格姆巴（Taglialagamba）联合主编，莱德 - 波士顿，2016，第 85 页至 99 页。

弗洛梅尔（Frommel）S.2002b：S. 弗洛梅尔，《锡耶纳学派的建筑设计：锡耶纳萨皮恩扎（La Sapienza Di Siena）、波焦阿卡亚诺（Poggio A Caiano）府邸、普拉托的圣玛丽亚大教堂（Santa Maria Delle Carceri A Prato）、圣斯皮里托教堂（Santo Spirito）和圣洛伦佐教堂（San Lorenzo）》，详见《朱利亚诺·达·桑加洛（Giuliano Da Sangallo），乌菲齐图纸》展览图册，佛罗伦萨，2017，D. 多奈提（Donetti）、M. 法埃蒂（Faietti）、S. 弗洛梅尔（Frommel）联合主编，佛罗伦萨 - 米兰，2017 年，第 32 页至 43 页。

弗洛梅尔（Frommel）S.2018：S. 弗洛梅尔，《别墅建筑设计师小安东尼奥·达·桑加洛（Antonio Da Sangallo）与安德里亚·帕拉第奥（Andrea Palladio）》，详见《建筑年鉴》，30，2018，第 173 页至 186 页。

弗洛梅尔（Frommel）S.2019a：S. 弗洛梅尔，《朱利亚诺·达·桑加洛（Giuliano Da Sangallo）》，巴勒，2019，Ed.Or.It.Florence.2014。

弗洛梅尔（Frommel）S.2019b：S. 弗洛梅尔，《朱利亚诺·达·桑加洛（Giuliano Da Sangallo）与米开朗琪罗：富有成效且持续不断的交流》，详见《米开朗琪罗·布奥纳罗蒂（Michelangelo Buonarroti）在 1475—1564 年间的建筑和其他艺术》，国际会议记录，罗马，2014，F. 贝里尼（Bellini）主编，罗马，2019，第 69 页至 84 页。

弗洛梅尔（Frommel）S.2019b：S. 弗洛梅尔，《列奥纳多·达·芬奇，建筑与发明》，斯图加特，2019。

S. 弗洛梅尔，法布里齐奥·伊万·阿波罗尼奥（Fabrizio Ivan Apollonio），马可·盖亚尼（Marco Gaiani），吉安娜·贝塔基（Gianna Bertacchi）：《3D 数字模型重建下的达芬奇设计：米兰大教堂灯笼穹顶》，Scires-It，第 10 卷，1，萨宾娜·弗洛梅尔（Sabine Frommel）、赫尔曼·施利姆（Hermann Schlimme）联合主编，2020，第 53 页至 66 页。

萨宾娜·弗洛梅尔（Sabine Frommel），《达·芬奇和十五世纪晚期以及十六世纪上半叶的建筑：创新、演变、杂交》，详见《比较·比较中的达芬奇》，弗兰克·佐尔纳（Frank Zöllner）和约翰内斯·格布哈特（Johannes Gebhardt）联合主编，彼得斯堡，迈克尔·伊姆霍夫出版社（Michael Imhof Verlag），2021，第 94 页至 113 页。

《达芬奇和建筑》，由弗朗切斯科·迪特奥多罗（Francesco Di Teodoro），伊曼纽拉·费雷蒂（Emanuela Ferretti），萨宾娜·弗洛梅尔（Sabine Frommel），赫尔曼·施利姆（Hermann Schlimme）联合主编，罗马，坎皮萨诺出版社（Campisano Editore），2022。

萨宾娜·弗洛梅尔（Sabine Frommel），《达·芬奇在宗教与私人建筑类型之间的形变处理：艺术语言得渗透性》，详见《达芬奇和建筑》，弗朗切斯科·迪特奥多罗（Francesco Di Teodoro），伊曼纽拉·费雷蒂（Emanuela Ferretti），萨宾娜·弗洛梅尔（Sabine Frommel），赫尔曼·施利姆（

Hermann Schlimme) 联合主编，罗马，坎皮萨诺出版社 (Campisano Editore)，2022。

《达·芬奇的图书馆》，德·卡洛·韦切 (de Carlo Vecce) 主编，2021。

吉罗姆 (Guillaume)1974：J. 吉罗姆，《列奥纳多·达·芬奇与法国建筑》，第一卷：香波尔 (Chambord) 的问题，第二卷：查尔斯·昂布瓦斯别墅 (La Villa De Charlees D'Amboise) 与罗莫朗坦城堡 (Le Chateau De Romorantin)，基于卡洛日佩德雷蒂 (Carlo Pedretti) 著作的研究，详见《艺术期刊》，25，1974，第 71 页至 84 页，第 85 页至 91 页。

吉罗姆 (Guillaume)1987：J. 吉罗姆，《列奥纳多·达·芬奇与建筑师》，详见《工程师与建筑师达·芬奇》展览目录，蒙特利尔，1987 年，P. 加卢齐 (Galluzzi) 主编，蒙特利尔，1987，第 207 页至 286 页。

吉罗姆 (Guillaume) 2002：J. 吉罗姆，《建筑师弗朗索瓦一世：建筑物》，详见《建筑师王子》，国际会议记录，曼图亚，1999，A. 卡尔佐纳 (Calzona)、F.P. 菲奥雷 (Fiore)、A. 特南提 (Tenenti)、C. 瓦萨里 (Vasoli) 联合主编，佛罗伦萨，2002，第 517 页至 532 页。

吉罗姆 (Guillaume) 2005：J. 吉罗姆，《香波尔城堡 (Chambord) 的创世纪，回顾一个世纪的史学》，详见《艺术期刊》，149，2005，第 33 页至 43 页。

吉罗姆 (Guillaume)，De Jonge 1988：J. 吉罗姆，K. 德钟 (De Jonge)，《从建筑草图到模型，如何"建造"列奥纳多设计的教堂》，详见《阿卡迪米亚·伦纳迪·芬奇 (Achademia Leonardi Vinci)》，1，1988，第 62 页至 69 页。

赫菲尔德 (Herfeld)1922：M. 赫菲尔德，《达·芬奇的达纳厄 (Danae) 表现》，详见《长春花系列》，11，1922，第 226 页至 228 页。

海登赖希 (Heydenreich) 1934：L.H. 海登赖希，《论圣彼得的起源——伯拉孟特的建筑草稿》，详见《研究与进展》，10，1934，第 365 页至 367 页。

海登赖希 (Heydenreich) 1952：L.H. 海登赖希，《弗朗西斯一世的建筑师列奥纳多·达·芬奇》，详见《伯灵顿杂志》，94，1952，第 277 页至 285 页。

海登赖希 (Heydenreich) 1965：L.H. 海登赖希，《达·芬奇为吉安·贾科莫·特里武齐奥 (Gian Giacomo Trivulzio) 墓所做的绘画艺术分析》，详见《欧洲绘画造型研究，西奥多·穆勒 (Theodor Müller) 纪念》，19.April.1965，K. 马丁 (Martin)、H. 索纳 (Soehner) 联合主编，慕尼黑，1965，第 179 页至 194 页。

海登赖希 (Heydenreich) 1969：L.H. 海登赖希，《达·芬奇与伯拉孟特：建筑天才》，详见《建筑，达·芬奇遗产》，国际研讨会，洛杉矶，1966，C.D. 奥马利 (O'Malley) 主编，伯克利 - 洛杉矶，1969，第 125 页至 148 页。

海登赖希 (Heydenreich) 1971：L.H. 海登赖希，《列奥纳多·达·芬奇的宗教建筑设计研究》，慕尼黑，1971，Ed.Or.Leipzig.1929。

希拉德 (Hillard) 2018：C. 希拉德，《列奥纳多和伊特鲁里亚墓》，详见《文艺复兴季刊》，71，2018，第 919 页至 958 页。

图纸百张 2014：《世界各地珍藏的百幅列奥纳多最美作品，科学机器和仪器》，C. 佩德雷蒂 (Pedretti)、S. 塔格丽拉格姆巴 (Taglialagamba) 联合主编，佛罗伦萨 - 罗马，2014。

令人愉快的戏剧表演 2018：《列奥纳多·达·芬奇的戏剧表演》，L. 加拉利 (Garai) 主编，博洛尼亚，2018。

列奥纳多·达·芬奇的绘画 2008：《列奥纳多·达·芬奇及在法国收藏的其绘画作品》，P. 马拉尼（Marani）主编，佛罗伦萨，2008。

居仁 1986：V. 居仁，《处鲁姆赞斯凯古抄本（Le Codex Chlumczanszky）：十六世纪的铭文和素描集》，详见《尤金·皮特（Ugène Piot）基金会的纪念性建筑物和研究》，68，1986，第 105 页至 205 页。

克劳特海默（Krautheimer）1994：R. 克劳特海默，《乌尔比诺（Urbino）、柏林和巴尔的摩（Baltimora）的木制结构》，详见《从布鲁内莱斯基（Brunelleschi）到米开朗琪罗的文艺复兴建筑代表》展览图册，威尼斯，1994，由 H.A. 米隆（Millon），V. 玛格纳哥·兰普尼亚尼（Magnago Lampugnani）联合主编，米兰，1994，第 233 页至 257 页。

库鲁夫特（Kruft）1986：H.W. 库鲁夫特，《从远古到今天的建筑理论史》，慕尼黑，1986。

兰贝里尼（Lamberini）2008：D. 兰贝里尼（Lamberini），《弗朗切斯科（Francione）作品中的十五世纪晚期佛罗伦萨传统军事建筑》，详见《列奥纳多时代的军事建筑，"米兰战争"和堡垒建筑在意大利和欧洲的推广》，国际会议记录，洛迦诺，2007，M. 维加诺（Viganò）主编，贝林佐纳，2008，第 217 页至 230 页。

兰德鲁斯（Landrus）2016：M. 兰德鲁斯，《文艺复兴时期达·芬奇对宫殿和运河进行系统设计的证据》，详见《照亮了列奥纳多，卡洛·佩德雷蒂（Carlo Pedretti）70 年的学术生涯纪念（1944—2014）》，C. 莫法特（Moffatt）、S. 塔格丽拉格姆巴（Taglialagamba）联合主编，莱德 - 波士顿，2016，第 100 页至 113 页。

列奥纳多·达·芬奇与法国 2010：《列奥纳多·达·芬奇与法国》展览图册，克洛斯卢塞，2009—2011，C. 佩德雷蒂（Pedretti）主编，波焦阿卡亚诺，2010。

列奥纳多 2014：《列奥纳多，绘画艺术》，C. 佩德雷蒂（Pedretti）、S. 塔格丽拉格姆巴（Taglialagamba）联合主编，佛罗伦萨，2014。

列奥纳多·达·芬奇 2002：《列奥纳多·达·芬奇的剧目表》展览图册，阿雷佐，2002，C. 斯坦那兹（Starnazzi）主编，阿雷佐，2002。

列奥纳多·达·芬奇 2006：《列奥纳多·达·芬奇，对 < 博士来朝 > 的研究》，F. 卡梅罗塔（Camerota）主编，罗马，2006。

列奥纳多·达·芬奇 2015：《列奥纳多·达·芬奇，设计世界》，展览图册，米兰，2015，P. 马拉尼（Marani）、M.T. 菲奥里奥（Fiorio）联合主编，米兰，2015。

达·芬奇三维（Leonardo Dreidimensional）2005：《达·芬奇三维建筑模型的使用，使用计算机图形学模拟天才建筑师巧妙的建筑模型》，D. 劳伦扎（Laurenza）、M. 塔代伊（Taddei）、E. 扎农（Zanon）联合主编，斯图尔特，2005，第 206 页至 209 页。

莱皮克（Lepik）1994：A. 莱皮克，《意大利 1335 年至 1550 年期间的建筑模型》，沃姆斯，1994。

洛佩兹（Lopez）1982：G. 洛佩兹，《事务与自由，达·芬奇与卢多维科·斯福尔扎在米兰》，米兰，1982。

卢波（Lupo）2002：G. 卢波，《布雷西亚（Brescia）的凉廊和凉亭》，详见《米兰人与伦巴第文艺复兴时期的建筑》，国际会议记录，Vicence，1996，C.L. 弗洛梅尔（Frommel）、L. 佐丹奴（Giordano）、R. 斯科菲尔德（Schofield）联合主编，威尼斯，2002，第 193 页至 216 页。

马拉尼（Marani）1984：P. 马拉尼，《列奥纳多·达·芬奇建筑中的工事结构》，佛罗伦萨，1984。

马里诺尼（Marinoni）1956：A. 马里诺尼，《金星作为国王的象征》，详见《欢乐》，N.S.，4，1956，第164页至175页。

J. 马丁·德梅齐尔（Martin-Demézil），《列奥纳多·达·芬奇及索洛诺特（Solognote）构建技巧》，详见《艺术期刊》，87，1990，第84页至86页。

马里诺尼（Marinoni）1987：A. 马里诺尼，《列奥纳多，音乐与戏剧》，详见"长春花系列"，22，1987，第353页至363页。

马佐基·道格利奥（Mazzocchi Doglio）1983：M. 马佐基·道格利奥，《米兰演出剧目中列奥纳多的"编曲"作品》，详见《列奥纳多及那个时代的奇观》展览图册，米兰，1983，M. 马佐基·道格利奥（Mazzocchi Doglio）、G. 旦托里（Tintori）联合主编，米兰，1983，第41页至76页。

尼鲍姆（Niebaum）2012：J. 尼鲍姆《凉廊和中心布局建筑，佩鲁吉诺（Perugino）的建筑结构》，详见《佩鲁吉诺（Perugino）拉斐尔·梅斯特（Raffaels Meister）》展览图册，慕尼黑，2012，奥斯特菲尔登，2011，第39页至67页。

尼鲍姆（Niebaum）2016：J. 尼鲍姆《意大利文艺复兴时期的中心布局教堂，对十五、十六世纪早期建筑方案的研究》，第二卷，慕尼黑，2016。

佩德雷蒂（Pedretti）1956：C. 佩德雷蒂《达·芬奇为波利齐亚诺（Poliziano）的＜奥菲斯＞设计的机械装置》，详见 La Scala，79，1956，第53页至56页。

佩德雷蒂（Pedretti）1957：C. 佩德雷蒂，《达·芬奇的研究、资料、分析和未公布作品》，详见《附录：大西洋古抄本（Codice Atlantico）的年表随笔》，日内瓦，1957。

佩德雷蒂（Pedretti）1962：C. 佩德雷蒂，《列奥纳多·达·芬奇1500年后的建筑研究年表》，日内瓦，1962。

佩德雷蒂（Pedretti）1964：C. 佩德雷蒂，《场景素描，1506年至1507年达·芬奇为查尔斯·昂布瓦斯（Charles D'Amboise）所做的设计》，详见《文艺复兴时期的剧院》，会议记录，罗亚蒙特，1963，J. 杰科特（Jacquot）主编，巴黎1964，第25页至第34页。

佩德雷蒂（Pedretti）1972：C. 佩德雷蒂，《列奥纳多·达·芬奇，罗莫朗坦皇家宫殿》，剑桥，1972。

佩德雷蒂（Pedretti）1978：C. 佩德雷蒂，《建筑师列奥纳多》，米兰，1978。

佩德雷蒂（Pedretti）1978—1979：C. 佩德雷蒂，《近年来列奥纳多·达·芬奇的＜大西洋古抄本＞的修复图纸名录》第二卷，纽约，1978—1979。

佩德雷蒂（Pedretti）1995：C. 佩德雷蒂，《建筑师列奥纳多》，米兰，1995，Ed.Or,1978。

佩德雷蒂（Pedretti）2010：C. 佩德雷蒂，《喷泉在庆祝活动中的使用：有关列奥纳多·达·芬奇的未公开作品》，详见《L'Osservatore Romano》，296，2010，第5页。

波加（Pochat）1990：G. 波加，《中世纪和文艺复兴时期的意大利戏剧及视觉艺术》，格拉茨，1990。

波罗（Porro）1882：G. 波罗，贝亚特丽切·德斯特 (Béatrice D'Este) 和安娜·斯福尔扎（Anna Sforza）的婚礼，详见《伦巴第历史档案馆》，9，1882，第483页至534页。

文艺复兴（Rinascimento）1994：《从布鲁内莱斯基（Brunelleschi）到米开朗琪罗的文艺复兴时期》，详见《建筑代表》展览图册，威尼斯，1994，H. 米隆（Millon）、V. 玛格纳哥（Magnago）联合主编，米兰，1994。

萨默（Sammer）2009：J. 萨默，《国王的邀请》，详见《列奥纳多·达·芬奇与法国》展览图册，昂布瓦斯，2010，C. 佩德雷蒂（Pedretti）、M. 梅拉尼（Melani）联合主编，坎比-比森齐奥，2009，第29页至33页。

罗马圣彼得大教堂1996：《罗马圣彼得（San Pietro）大教堂，从伯拉孟特到桑加洛（Sangallo）》，C. 特萨里（Tessari）联合主编，米兰，1996。

圣图奇（Santucci）2017：G. 圣图奇，《朱利亚诺·达·桑加洛和城市建筑图纸，乌菲齐美术馆的比萨7950 A平面图》，详见《朱利亚诺·达·桑加洛（Giuliano Da Sangallo）》，国际会议记录，维琴察，2012，A. 贝鲁奇（Belluzzi）、C. 埃兰（Elam）、F.P. 菲奥雷（Fiorc）联合主编，米兰，2017，第260页至275页。

萨辛格（Satzinger）2011：G. 萨辛格，《米开朗琪罗和圣洛伦佐（San Lorenzo）大教堂的外观设计》，慕尼黑，2011。

斯科菲尔德（Schofield）1989：R. 斯科菲尔德，《阿玛多（Amadeo）、伯拉孟特、达·芬奇与米兰大教堂的灯笼塔》，详见《阿卡迪米亚·伦纳迪·芬奇（Achademia Leonardi Vinci）》，2，1989，第68页至100页。

斯科菲尔德（Schofield）1991：R. 斯科菲尔德，《达·芬奇设计的米兰建筑：事业、资源和绘图技巧》，详见《阿卡迪米亚·伦纳迪·芬奇（Achademia Leonardi Vinci）》，4，1991，第111页至156页。

斯科菲尔德（Schofield）2015：R. 斯科菲尔德，《达·芬奇建筑设计中的想法与实际模型》，详见《列奥纳多·达·芬奇，世界艺术设计》展览图册，米兰，2015，P. 马拉尼（Marani）、M.T. 菲奥里奥（Fiorio）联合主编，米兰2015，第325页至331页。

斯科菲尔德（Schofield）2017：R. 斯科菲尔德，《伯拉孟特（Bramante）、朱利亚诺（Giuliano）、列奥纳多与米兰圣安布罗焦修道院（Chiostri Di Sant'Ambrogio）》，详见《朱利亚诺·达·桑加洛（Giuliano Da Sangallo）》，国际会议记录，维琴察，2012，A. 贝鲁奇（Belluzzi），C. 埃兰（Elam），F.P. 菲奥雷（Fiore）主编，米兰，2017，第359页至371页。

索尔米（Solmi）1904：E. 索尔米，《达·芬奇和贝尔纳多·贝林乔尼（Bernardo Bellincioni）的"天堂盛宴（Paradiso）"（1490年1月13日）》，详见《伦巴第历史档案馆》，31，1，4，1904，第75页至89页。

斯坦那兹（Starnazzi）2002：斯坦那兹，《达·芬奇和宫廷表演》，详见《达·芬奇，剧院表》，国际会议记录，阿雷佐，2002，C. 斯坦那兹（Starnazzi）主编，阿雷佐，2002，第25页至33页。
施泰尼茨（Steinitz）1949：K. 施泰尼茨，《重建达·芬奇设计的旋转舞台》，详见《艺术季刊》，2，1949，第325页至338页。

施泰尼茨（Steinitz）1964：K. 施泰尼茨，《达·芬奇为巴尔达萨雷·塔科内（Baldassare Taccone）的诗歌作品达纳（Danae）所作的绘画》，详见《文艺复兴时期的剧院》，国际会议记录，罗亚蒙特，1963，J. 杰科特（Jacquot）主编，巴黎1964，第35页至40页。

施泰尼茨（Steinitz）1970：施泰尼茨，《剧院设计师和宴会活动策划者达·芬奇》，佛罗伦萨，1970，（Ix Lettura Vinciana）。

塔代伊（Taddei）2008：D. 塔代伊（Taddei），《朱利亚诺与安东尼奥·达·桑加洛》，详见《列奥纳多时代的军事建筑，"米兰战争"和堡垒建筑在意大利和欧洲的推广》，国际会议记录，洛迦诺，2007，M. 维加诺（Vigano）主编，贝林佐纳，2008，第231页至253页。

塔格丽拉格姆巴（Taglialagamba）2010：S. 塔格丽拉格姆巴，《列奥纳多·达·芬奇及机械自动化技术》，弗利，2010。

塔格丽拉格姆巴（Taglialagamba）2011：S. 塔格丽拉格姆巴，《达·芬奇与楼梯》，波焦阿卡亚诺（Poggio A Caiano），2011。

塔格丽拉格姆巴（Taglialagamba）2016：S. 塔格丽拉格姆巴，《达·芬奇为法国国王路易十二设计的液压系统和喷泉，查尔斯·昂布瓦斯（Charles D'Amboise）和弗朗西斯一世（Francis I），园林设计艺术的影响和模型应用》，详见《照亮了列奥纳多，卡洛·佩德雷蒂（Carlo Pedretti）70年的学术生涯纪念（1944—2014）》，C. 莫法特（Moffatt）、S. 塔格丽拉格姆巴（Taglialagamba）联合主编，莱德 - 波士顿，2016，第300页至314页。

文学作品1977：《列奥纳多·达·芬奇的文学作品，根据让·保罗·里希特（Jean Paul Richter）的原始手稿》，C. 佩德雷蒂（Pedretti）主编，2Vol，伯克利 - 洛杉矶，1977。

蒂索尼·本韦奴蒂（Tissoni Benvenuti）1983：A. 蒂索尼·本韦奴蒂，《米兰斯福尔扎剧院（Il Teatro Volgare Della Milano Sforzesca）》，详见《卢多维科·斯福尔扎（Ludovico Il Moro）时代的米兰》，国际会议记录，米兰，1983，第一卷，第333页至351页。

瓦萨里（Vasari）1966—1987：G. 瓦萨里，《最优秀的雕塑家和建筑师的生活，1550年至1568年新闻集》，第六卷，P. 巴洛克（Barocchi）、R. 贝塔里尼（Bettarini）联合主编，佛罗伦萨，1966—1987。

维切（Vecce）1998：C. 维切，《列奥纳多》，罗马，1998。

维切（Vecce）2001：C. 维切，《列奥纳多·达·芬奇》，巴黎，2001。

维切（Vecce）2019：C. 维切，《列奥纳多和他的书》，全球天才图书馆，米兰，2019。

维加诺（Viganò）2016：M. 维加诺，《列奥纳多与灯笼塔结构：相关问题和证据（1507—1518）》，详见《照亮了列奥纳多，卡洛·佩德雷蒂（Carlo Pedretti）70年的学术生涯纪念（1944—2014）》，C. 莫法特（Moffatt）、S. 塔格丽拉格姆巴（Taglialagamba）联合主编，莱德 - 波士顿，2016，第85页至99页。

乌尔姆（Wurm）1984：H. 乌尔姆，巴尔达萨雷·佩鲁齐（Baldassare Peruzzi），《建筑图纸》，图宾根，1984。

图片详细介绍

图 21　列奥纳多·达·芬奇，皮翁比诺堡垒项目的棱堡项目，米兰，盎博罗削图书馆，《大西洋古抄本》，F.45v-B[125r]。

图 22　列奥纳多·达·芬奇，查尔斯·昂布瓦斯项目，米兰，盎博罗削图书馆，《大西洋古抄本》，F.231r-b[629b-r]。

图 23　列奥纳多·达·芬奇，吉安·贾科莫·特里武尔齐奥丧葬纪念碑研究，温莎，皇家图书馆，Rl12353r。

图 24　列奥纳多·达·芬奇，吉安·贾科莫·特里武尔齐奥丧葬纪念碑研究，温莎，皇家图书馆，Rl12355r 。

图 25　列奥纳多·达·芬奇，梅尔齐别墅重建项目，外观以及建筑前方，米兰，盎博罗削图书馆，《大西洋古抄本》，F.395v-A[1098r] 。

图 26　列奥纳多·达·芬奇，梅尔齐别墅重建项目，室内布置研究和通往房间的坡道，米兰，盎博罗削图书馆，《大西洋古抄本》，F.61r-B[173r]。

图 27　列奥纳多·达·芬奇，梅尔齐别墅重建项目，室内布置研究，温莎，皇家图书馆，Rl19077v。

图 28　列奥纳多·达·芬奇，梅尔齐别墅重建项目，别墅提升至山顶，米兰，盎博罗削图书馆，《大西洋古抄本》，F.153r-e[414a-r]。

图 29　列奥纳多·达·芬奇，佛罗伦萨圣洛伦佐大教堂前的广场重建项目，米兰，盎博罗削图书馆，《大西洋古抄本》，F.315r-b[865r]。

图 30　列奥纳多·达·芬奇，罗莫朗坦城堡以及新城项目，米兰，盎博罗削图书馆，《大西洋古抄本》，F.217v-b[583r]。

图 31　列奥纳多·达·芬奇，罗莫朗坦城堡（第一个项目草图），温莎，皇家图书馆，Rl 12292v。

图 32　列奥纳多·达·芬奇，城堡以及罗莫朗坦新区域，双侧水渠，伦敦，大英图书馆（British Library），Ms.Arundel,F.270v。

图 33　列奥纳多·达·芬奇，罗莫朗坦城堡图，米兰，盎博罗削图书馆，《大西洋古抄》，F.76v-B[209r]。

图 34　布瓦索（Boisseau），费杰城堡（Chatrau Du Verger），17 世纪雕刻，巴黎，法国国家图书馆（Bibliotahèque Nationale De France）。

图 35　费利比安（Félibien），香波尔城堡的第一项目图（Chatrau De Chambord），谢韦尔尼城堡图书馆（Bibliothèque Du Chateau De Cheverny）。

图 36　列奥纳多·达·芬奇，《圣杰罗姆》及细节图，梵蒂冈美术馆，1482 年。

图 37　列奥纳多·达·芬奇，《博士来朝》，巴黎，卢浮宫艺术图纸部，Rf 1978。

图38　《博士来朝》背景建筑复原图，萨宾娜·弗洛梅尔和吉安卡洛·里奥（Giancarlo De Leo）绘制。

图 39　弗朗切斯科·迪·乔尔吉奥·马尔提尼，《博士来朝》，锡耶纳，圣奥古斯丁教堂。

Ms.K,F.116v。

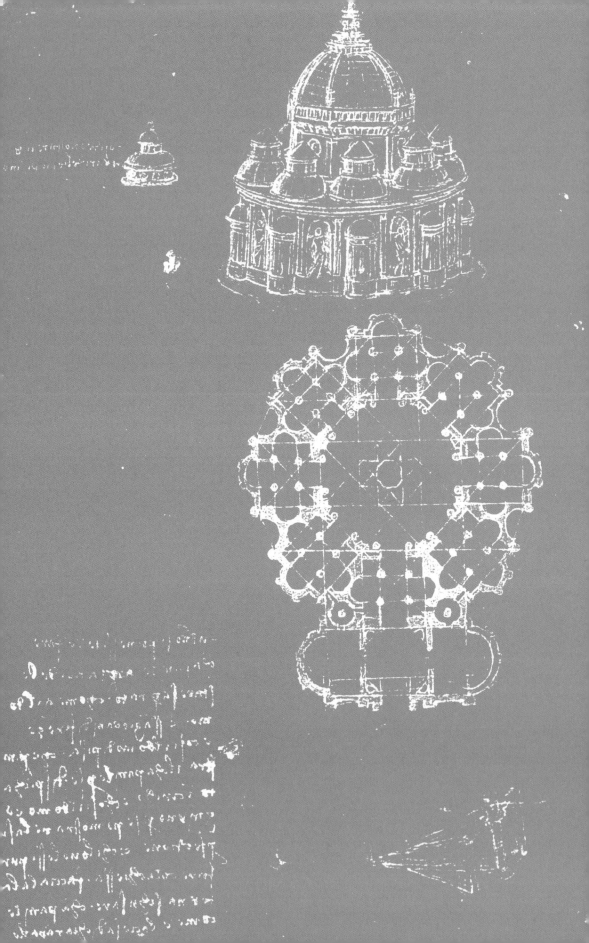